U0427040

浙江省土地质量地质调查应用研究

Application Research of Geological Survey of Land Quality in Zhejiang Province

殷汉琴 徐明星 等著

中国地质大学出版社
CHINA UNIVERSITY OF GEOSCIENCES PRESS

图书在版编目(CIP)数据

浙江省土地质量地质调查应用研究/殷汉琴等著. —武汉：中国地质大学出版社，2020.10
 ISBN 978-7-5625-4855-3

Ⅰ.①浙…
Ⅱ.①殷…
Ⅲ.①土地-区域地质调查-研究-浙江
Ⅳ.①P562.55

中国版本图书馆 CIP 数据核字(2020)第 193777 号

浙江省土地质量地质调查应用研究			殷汉琴	徐明星	等著
责任编辑：张　林		选题策划：张　林		责任校对：周　旭	
出版发行：中国地质大学出版社(武汉市洪山区鲁磨路388号)				邮政编码：430074	
电　　话：(027)67883511		传真：67883580		E-mail:cbb@cug.edu.cn	
经　　销：全国新华书店				http://cugp.cug.edu.cn	
开本：787mm×1 092mm 1/16			字数：327千字		印张：12.75
版次：2020年10月第1版				印次：2020年10月第1次印刷	
印刷：武汉中远印务有限公司					
ISBN 978-7-5625-4855-3				定价：86.00元	

如有印装质量问题请与印刷厂联系调换

《浙江省土地质量地质调查应用研究》

编委会

殷汉琴　　徐明星　　黄春雷　　龚冬琴　　邵一先

张奥博　　宋明义　　解怀生　　傅野思　　李孟奇

褚先尧　　冯立新　　李向远　　杨　立　　周　杰

翁焕新　　郭　彬　　周文军　　周国华　　孙彬彬

陈小磊　　柴彦君　　周宗尧　　李　睿

前 言

建设生态文明是中华民族永续发展的千年大计。党的十九大明确提出"必须树立和践行绿水青山就是金山银山的理念"和"统筹山水林田湖草系统治理,实现最严格的生态环境保护制度,形成绿色发展方式和生活方式"。土地,尤其是耕地,作为人类赖以生存的最基本资源,是山水林田湖草系统的最重要组成部分,必须像保护大熊猫一样对其进行严格保护。因此,从科学的角度摸清土地质量"家底"、评价土地质量状况、分析土地质量控制因素、了解土地质量变化趋势,是土地质量生态管护的必然要求,也是乡村振兴战略的内在要求,成为当前调查研究的热点问题。

浙江省作为"两山"理论的发源地,正深入贯彻十九大精神,推进乡村振兴战略,践行绿色发展。自2013年以来,浙江省人民政府与国土资源部着眼于农产品质量安全与土地质量管理的重大需求,在完成平原区1∶25万多目标区域地球化学调查的基础上,为进一步查明土地质量状况、切实推进成果转化应用,先后在浙江省部署了浙江省西北部土地环境地质调查与应用示范、浙西北地区1∶25万多目标地球化学调查等项目,调查范围包括浙江省10个市,面积6.9万 km^2,累计投入资金3 856万元。本书基于上述生态地球化学调查研究项目,以研究制约农产品质量安全的土地质量为核心,从土壤中镉等重金属和硒、碘等有益元素对土地质量的核心控制作用角度,创新研究评价思路,深化成果转化应用,集成开展了"浙江省典型重金属及有益元素生态地球化学调查与应用研究",取得了一系列的开创性成果。

通过多年的调查研究,取得了6个方面的主要成效:一是完成了浙江省主要耕地区1∶25万多目标区域地球化学调查,获得了土地质量区域性规律认识,为耕地质量管护提供了决策依据;二是开展了重要重金属超标区生态风险研究及保障农产品质量安全的土壤重金属限量值研究,提出了绿色土地评价的思路和方法,为耕地质量类别划定、分类管控以及农产品产地源头管控提供了科学依据;三是开展了利用矿物材料进行污染土壤修复和改良的试点研究,建立了示范工程,为浙江省污染耕地的安全利用和土壤污染修复提供了技术支持;四是系统地开展了浙江省土壤硒的生态地球化学研究,明确了土壤硒资源的空间分布与成因来源,提出了富硒土壤资源评价标准,进行了浙江省富硒土地资源区划和试验性开发,取得了显著的经济社会效益;五是系统地开展了浙江省土壤碘的生态地球化学研究,提出生态补碘区划的概念,开展了生态补碘区划,为开拓更为高效、安全、稳定的补碘方法从而实现科学补碘奠定了一定的现实和理论基础;六是从地球化学角度来研究"桑基鱼塘"演变过程,建立了湖州"桑基鱼塘"系统元素地球化学迁移模型,深化了对"桑基鱼塘"生态系统的认识。这些成果,有些是首次发现,如对区域性、流域性土地质量的规律性认识,对天然硒和人工硒在水稻中的贮存状态差异的发现;有些是首次提出,如对绿色土地概念及评价标准的提出,对生态补碘区划方法的提出;有些是首次总结,如对浙江省富硒土壤六大成因类型的总结,以及桑基鱼塘系统元素地球化学迁移模型的建立;有的已经取得了显著的经济社会效益,如富硒土壤的开发及示范工程的建设。

  项目成果的取得离不开项目组全体成员的团结一心、共同努力。本书的撰写工作由殷汉琴、黄春雷、徐明星等共同完成,前言、结语由黄春雷编写,第一章、第三章由殷汉琴编写,第二章由褚先尧编写,第四章由解怀生、殷汉琴、冯立新、柴彦君编写,第五章由殷汉琴、傅野思、杨立编写,第六章由殷汉琴、周杰、郭彬编写,第七章由张奥博、徐明星、周文军编写,第八章由邵一先、解怀生、黄春雷编写,第九章由龚冬琴、翁焕新、李向远、李睿编写,第十章由徐明星、李孟奇、宋明义编写,第十一章由龚冬琴、李向远、陈小磊编写,全文由殷汉琴、黄春雷、徐明星统稿。

  在项目实施过程中,得到了浙江省自然资源厅、中国地质科学院地球物理地球化学勘查研究所、浙江大学、浙江省农业科学院、中国地质大学(北京),以及有关市、县(市、区)自然资源和规划局等单位、部门、科研院所、企业及有关专家的大力支持和指导与帮助,在此深表感谢。

著 者

2020 年 8 月

目 录

第一篇 绪 论

第一章 项目概况 ……………………………………………………………………（3）

    第一节 项目简介 …………………………………………………………………（3）

    第二节 主要任务及实物工作量 …………………………………………………（5）

第二章 研究区概况 …………………………………………………………………（8）

    第一节 地理概况 …………………………………………………………………（8）

    第二节 区域地质 …………………………………………………………………（9）

    第三节 社会经济概况 ……………………………………………………………（12）

    第四节 土地资源概况 ……………………………………………………………（12）

第三章 方法技术与工作质量评述 …………………………………………………（17）

    第一节 方法技术 …………………………………………………………………（17）

    第二节 工作质量评述 ……………………………………………………………（23）

第二篇 典型重金属元素生态地球化学调查与应用研究

第四章 典型重金属元素生态地球化学特征 ………………………………………（29）

    第一节 土壤中典型重金属元素含量特征 ………………………………………（29）

第二节　农产品重金属含量特征健康风险评估 ……………………………………（36）

第五章　土壤重金属生态风险评价及标准研制 ……………………………………（44）

　　第一节　影响农产品重金属累积的土壤环境因素研究 ………………………………（44）

　　第二节　土壤重金属生态风险评价及分类管控 ………………………………………（50）

　　第三节　浙江省耕地土壤环境标准建议值研究 ………………………………………（57）

第六章　绿色土地资源开发与保护 ……………………………………………………（64）

　　第一节　绿色土地评价标准研究 ………………………………………………………（64）

　　第二节　天台县绿色土地评价及绿色土地资源开发与保护 …………………………（69）

第七章　土壤重金属污染修复技术研究及修复试验 …………………………………（76）

　　第一节　修复剂钝化修复重金属污染土壤机理研究 …………………………………（76）

　　第二节　龙游重金属污染区土壤修复试验 ……………………………………………（80）

　　第三节　湖州重金属污染区土壤修复试验 ……………………………………………（84）

　　第四节　修复方法总结及绩效评价 ……………………………………………………（86）

第三篇　有益元素生态地球化学调查与应用研究

第八章　硒元素生态地球化学研究与富硒开发区划 …………………………………（91）

　　第一节　浙江省硒地球化学分布特征 …………………………………………………（91）

　　第二节　典型研究区土壤硒含量特征及来源研究 ……………………………………（96）

　　第三节　天然与人工补硒条件下作物中硒赋存状态的差异 …………………………（102）

　　第四节　富硒土壤资源评价区划 ………………………………………………………（106）

　　第五节　富硒土壤开发利用现状 ………………………………………………………（113）

第九章　碘的生态地球化学研究与生态补碘区划 ……………………………………（116）

　　第一节　碘的生态地球化学研究 ………………………………………………………（116）

　　第二节　生态补碘研究及应用示范 ……………………………………………………（124）

第三节　浙江省生态补碘区划 ………………………………………………………(133)

第四篇　元素间交互作用与生态循环研究

第十章　重金属镉与硒元素的交互关系研究 ………………………………………(143)

第一节　浙江省硒、镉含量分布特征 ………………………………………………(143)

第二节　硒镉伴生的生态效应 ………………………………………………………(146)

第三节　硒缓解镉毒害作用机制研究 ………………………………………………(148)

第十一章　典型元素在高效"桑基鱼塘"系统的生态循环研究 …………(152)

第一节　"桑基鱼塘"研究背景与方法 ……………………………………………(152)

第二节　"桑基鱼塘"演变过程及其特征分析 ……………………………………(154)

第三节　"桑基鱼塘"系统元素的地球化学迁移 …………………………………(167)

第十二章　结　语 …………………………………………………………………(178)

第一节　主要成果与创新点 …………………………………………………………(178)

第二节　体会与展望 …………………………………………………………………(184)

主要参考文献 …………………………………………………………………………(187)

第一篇

绪 论

叙 言

第一章　项目概况

第一节　项目简介

本书以浙江省1∶25万多目标区域地球化学调查为基础资料,开展典型重金属元素和硒、碘等有益元素地球化学分布特征研究和区域评价,在此基础上选择典型区域开展典型重金属及有益元素生态地球化学研究。本书涉及的浙江省1∶25万多目标区域地球化学调查项目包含浙江省农业地质环境调查(2002—2005年)、浙东地区1∶25万多目标地球化学调查(2015—2016年)、浙西北地区1∶25万多目标地球化学调查(2014—2016年)和浙西南地区1∶25万多目标地球化学调查(2017年4月—12月),截至2017年底,浙江省共完成1∶25万多目标区域地球化学调查69 013km²,已覆盖全省主要农耕区和部分山地丘陵区。其工作主要由浙江省地质调查院和中国地质科学院地球物理地球化学勘查研究所完成,涉及的地球化学应用研究项目主要为浙江省西北部土地环境地质调查与应用示范项目。本书主要项目基本情况见表1-1,工作区范围见图1-1。

表1-1　本书主要项目基本情况一览表

工作性质	项目名称	面积(km²)	工作周期	项目经费及资金来源	实施单位
浙江省1∶25万多目标区域地球化学调查	浙江省农业地质环境调查	37 737	2002—2005年	4 300万元 中央财政、浙江省财政	浙江省地质调查院
	浙西北地区1∶25万多目标地球化学调查	16 022	2014—2016年	1 078万元 中央财政	
	浙东地区1∶25万多目标地球化学调查	8 974	2015—2016年	540万元 中央财政	中国地质科学院地球物理地球化学勘查研究所
	浙西南地区1∶25万多目标地球化学调查	6 280	2017年4月—12月	428万元 中央财政	
典型元素生态地球化学应用研究	浙江省西北部土地环境地质调查与应用示范	3 000	2014—2016年	1 810万元 浙江省财政	浙江省地质调查院

4 / 浙江省土地质量地质调查应用研究

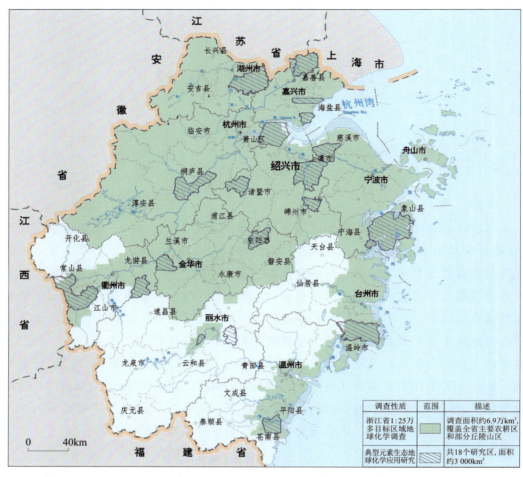

图 1-1 工作区范围图

一、浙江省 1∶25 万多目标区域地球化学调查

1. 浙江省农业地质环境调查

浙江省农业地质环境调查工作周期为 2002—2005 年,工作区范围涉及浙江省 3 个重点农业经济区,包括浙江北部平原区、浙东沿海丘陵平原区、浙中丘陵盆地区、沿海滩涂区、近岸海域(水深小于 10m)区,总面积 43 613km²,其中陆域面积 37 737km²、沿海滩涂面积 1 028km²、近岸浅海面积 4 848km²,承担单位为浙江省地质调查院,项目总经费 4 300 万元,中央财政和省财政 1∶1 配比。

2. 浙西北地区 1∶25 万多目标地球化学调查

浙西北地区 1∶25 万多目标地球化学调查工作周期为 2014—2016 年,工作区范围涉及浙江省西北部湖州市、杭州市和金华市 3 个地级市,面积 16 022km²,承担单位为浙江省地质调查院,项目总经费1 078万元,项目资金来源为中央财政。

3. 浙东地区1∶25万多目标地球化学调查

浙东地区1∶25万多目标地球化学调查工作周期为2015—2016年,工作区范围涉及浙江省绍兴市、舟山市等地区,面积8 974 km²,承担单位为中国地质科学院地球物理地球化学勘查研究所,项目总经费540万元,项目资金来源为中央财政。

4. 浙西南地区1∶25万多目标地球化学调查

浙西南地区1∶25万多目标地球化学调查工作周期为2017年4月—12月,工作区范围涉及浙江省杭州市淳安、建德等地,面积6 280 km²,实施单位为中国地质科学院地球物理地球化学勘查研究所,项目总经费428万元,项目资金来源为中央财政。

二、典型元素生态地球化学应用研究

本书涉及的典型元素生态地球化学应用研究项目主要为浙江省西北部土地环境地质调查与应用示范项目(2014—2016年),该项目在分析浙江省区域地球化学分布特征的基础上,选择典型区域开展典型重金属及硒、碘等有益元素生态地球化学应用研究,项目承担单位为浙江省地质调查院,浙江大学和浙江省农业科学院参与项目课题的研究。项目总经费1 810万元,资金来源为浙江省财政。

第二节 主要任务及实物工作量

一、主要任务

1. 浙江省1∶25万多目标区域地球化学调查

通过开展多目标区域地球化学调查,查明监测区元素地球化学分布和分配特征,进行国土资源环境评价与基础地质研究,为国家及地方经济社会科学可持续发展和进行区域规划提供依据。

(1)浙江省1∶25万多目标区域地球化学调查。具体要求包括:①采样工作方法技术,执行《多目标区域地球化学调查规范》及《关于我国低山丘陵与黄土高原地区多目标区域地球化学调查采样技术有关要求的通知》要求,按照网格化方式开展土壤测量工作,分别采集表层土壤样品(采样密度为1个点/km²)和深部土壤样品(采样密度为1个点/4 km²),采样深度以审定的设计书为准。城区、河流、湖泊等特殊地区参照规范要求采样,以不出现采样空格区为原则。②测试元素与指标,依据要求分析54项,其中表层土壤样品按1个点/4 km²组合分析,深部土壤样品按1个点/16 km²组合分析。

(2)区域地球化学特征研究。统计元素系列地球化学基准值与背景值等特征参数,研究元素区域地球化学组成与分布分配特征,圈定地球化学异常,进行区域地球化学分区与土地环境质量评价,提出土地利用、区域生态环境保护、区域农业种植等规划性建议。

2. 典型元素生态地球化学应用研究

在浙江省1∶25万多目标区域地球化学调查的基础上,开展典型元素生态地球化学应用研究,总结农业地质应用研究方法技术和成果应用经验,提升农业地质成果应用研究水平,为浙江省农产品质量安全提供科技支撑。

(1)开展典型重金属生态地球化学应用研究。选择浙江省内、外典型地区,开展重金属元素在土壤—水—水稻(蔬菜)中的迁移转化过程研究,揭示影响水稻和蔬菜质量安全的主要重金属赋存形态,提出保障农产品安全的土地重金属限量值,开展土壤重金属生态风险评价,为浙江省农产品安全种植提供依据。

(2)开展污染土壤地球化学研究与改良试验。通过补充调查,查明研究区耕地重金属污染状况,揭示重金属元素在土壤—水—水稻中的迁移转化规律,筛选或配制适宜的矿物材料,开展研究区耕地重金属污染改良试验。

(3)开展浙江省富硒土壤综合研究。研究天然和人工硒条件下稻米中硒的赋存状态;查明浙江省典型富硒土壤区在水稻生长过程中起决定性作用的硒形态,探讨水稻吸收不同形态硒的机理与影响因素;在补充调查的基础上,查明土壤硒地球化学特征,研究划分富硒土壤成因类型,总结浙江省富硒土壤开发应用经验。

(4)开展浙江省土壤碘生物地球化学及综合利用区划研究。在已有成果资料和补充调查的基础上,选择典型地区开展天然碘有机肥料试验,总结土壤碘生物地球化学研究成果,提出浙江省土壤碘综合利用开发区划建议。

(5)开展浙西地区黑色岩系区土壤硒、镉元素生态地球化学调查与研究。研究土壤硒、镉伴生的生态效应,为浙江省地方性富硒土壤评价标准制定及黑色岩系区富硒土壤开发提供重要的科学依据。

(6)开展典型"桑基鱼塘"区生态地球化学调查与研究。从地球化学角度来探索"桑基鱼塘"演变过程,揭示"桑基鱼塘"地球化学循环的高效性,为优化"桑基鱼塘"管理和申报全球重要农业文化遗产提供科学依据。

二、实物工作量

1. 浙江省1∶25万多目标区域地球化学调查

截至2016年,浙江省1∶25万多目标区域地球化学调查完成面积69 013 km^2,采集表层土壤样品69 224件,深层土壤样品16 844件,覆盖全省主要农耕区和部分丘陵山地区。

2. 典型元素生态地球化学应用研究

在分析全省地球化学分布特征的基础上,选择典型区开展典型重金属及硒、碘等有益元素生态地球化学应用研究。土壤重金属生态地球化学应用研究,共18个研究区,面积约3 000km²；富硒土壤综合研究，共7个研究区，面积约200km²；土壤碘的生态地球化学研究，共8个研究区，面积约300km²；桑基鱼塘生态地球化学调查与研究面积36km²。各类调查研究区之间有交叉和重叠，采集的样品也有交叉，但由于研究目的不同，测试分析指标不同。完成的主要实物工作量见表1-2。

表1-2 实物工作量

工作内容和手段		计量单位	完成量	备注
浙江省1∶25万多目标区域地球化学调查		km²	69 013	表层土壤样品69 224件，深层土壤样品16 844件
典型元素生态地球化学应用研究	土壤重金属生态地球化学应用研究	km²	3 000	共采集稻米样品2 721件，根系土样品1 273件；蔬菜样品1 036件，根系土样品857件；土壤垂向剖面163条
	富硒土壤综合研究	km²	200	
	土壤碘生态地球化学调查与研究	km²	300	
	典型"桑基鱼塘"生态地球化学调查与研究	km²	36	采集土壤样品200件，稻米、桑果、桑叶、蚕沙、鱼样品等农产品样品90件

第二章　研究区概况

第一节　地理概况

一、地理区位

浙江省位于中国东南沿海、长江三角洲南翼,地跨北纬27°02′—31°11′,东经118°01′—123°10′,东邻东海,南接福建,西与江西省、安徽省相连,北与上海市、江苏省为邻。浙江省陆域面积10.55万km^2,占中国陆域面积的1.1%,是中国面积较小的省份之一。浙江省东西地区和南北地区的直线距离均为450km左右。全省陆域面积中,山地面积占74.63%,水域面积占5.05%,平坦地面积占20.32%,故有"七山一水两分田"之说。浙江省海域面积26万km^2,面积大于$500km^2$的海岛有2878个,大于$10km^2$的海岛有26个,是中国岛屿最多的省份,其中面积$502.65km^2$的舟山岛为中国第四大岛。在"2016年中国海洋宝岛榜"中,浙江省有21座岛屿成功入围,约占总数的1/5。

二、地形地貌

浙江省地势由西南向东北倾斜,地形复杂。山脉自西南向东北成大致平行的3支。西北支从浙赣交界的怀玉山伸展至天目山、千里岗山等;中支从浙闽交界的仙霞岭延伸至四明山、会稽山、天台山,入海成舟山群岛;东南支从浙闽交界的洞宫山延伸至大洋山、括苍山、雁荡山。龙泉市境内海拔1 929m的黄茅尖为浙江省最高峰。水系主要有钱塘江、瓯江、灵江、苕溪、甬江、飞云江、鳌江、曹娥江八大水系和京杭大运河浙江段。钱塘江是浙江省第一大江,有南、北两源,北源从源头至河口入海处全长668km,其中在浙江省境内425km;南源从源头至入海处全长612km,均在浙江省境内。湖泊主要有杭州西湖、绍兴东湖、嘉兴南湖、宁波东钱湖四大名湖,以及新安江水电站建成后形成的全省最大人工湖泊千岛湖等。地形大致可分为浙北平原、浙西中山丘陵、浙东丘陵、中部金衢盆地、浙南山地、东南沿海平原及滨海岛屿6个地形区(图2-1)。

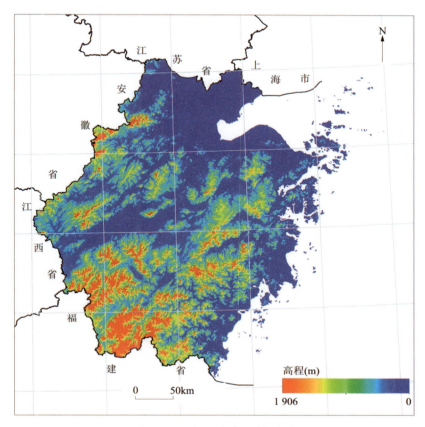

图 2-1 浙江省高程模型图

第二节 区域地质

浙江省地处东亚大陆边缘,受古亚洲造山区、特提斯造山区及环太平洋造山区 3 条全球构造带的影响和制约。以江山-绍兴断裂带为界,将全省分为两大地质构造单元,浙西北属扬子准地台,浙东南则属华南褶皱系。它们在沉积建造、火成活动、变质作用、构造变动及成矿作用等方面,具有明显的差异。浙东南发育元古宙中深变质岩、中新生代火成岩及构造-沉积盆地,具"一老一新"的地质构造特点;浙西北则以发育中新元古代浅变质岩、古生代沉积岩及印支期褶皱带为特征。

一、区域地层

浙江省地层具明显的分区特性,以江山-绍兴断裂带为界,浙西北属江南地层区,该地区自元古宇至新生界各地层发育基本齐全,基底由中元古界浅变质的平水群、双溪坞群和新元古界河上镇群组成,其上发育一套南华系、震旦系—新生界的巨厚沉积盖层。浙东南属华南地层区,该地区由古元古界八都群和中元古界陈蔡群、龙泉群组成变质基底。八都群呈断块隆起分布于龙泉—庆元、遂昌大拓及松阳高亭—玉岩地区,主要由一套高绿片岩相—角闪岩相区域变质岩组成,主要有斜长角闪岩、变粒岩、黑云母片岩及浅粒岩等,其原岩组成下部为基性火山岩-硬砂岩建造,中部(主体)为陆源碎屑建造,上部为泥页岩建造。龙泉群零星分布于龙泉、庆元一带,为一套高绿片岩相变质火山-沉积岩系,岩性主要有云母变粒岩、石英片岩、绿帘斜长角闪岩、黑云阳起片岩、含磁铁石英岩、大理岩等。

二、区域地质构造

自元古宙以来,本省经历了地槽、地台和陆缘活动等三大构造发展阶段,地壳运动具有由活动—稳定—活动的发展演化程式,晋宁运动使扬子地槽全面褶皱回返,固结成扬子准地台;而加里东运动使华南地槽强烈褶皱回返,浙东隆起成陆、浙西上升形成大型宽展型褶皱,从而使扬子准地台和华南褶皱系构成统一地台;印支运动使本省进入了大陆边缘活动阶段,形成了一系列北东向褶皱和断裂;燕山运动是大陆边缘活动阶段的鼎盛时期,由于太平洋板块和欧亚板块的相互作用,地壳运动十分强烈,以断裂为主的构造形变及大规模岩浆喷发和侵入活动是本阶段的最大特色。浙江大地构造以江山-绍兴深断裂为界,分属于两个Ⅰ级构造单元,浙西北区为扬子准地台的东南缘,浙东南区为华南褶皱系的东北部。浙西北区褶皱、断裂构造形变十分发育,主要为北东向线型褶皱及冲断构造。浙东南区以北东—北北东向断裂为主体,并与北西向断裂构成棋盘格状构造,线性构造、盆地及火山构造成为浙东南构造的一大特色。

三、主要岩石类型与岩石化学类型

浙江省岩石类型丰富,出露的主要岩石类型有火成岩(侵入岩及火山岩)、沉积岩、中深变质岩及松散沉积物(第四纪沉积物)等,主要岩石类型及分布情况见表2-1。

表 2-1 浙江省主要岩石类型及分布特征表

岩石类型	主要岩性	形成时代	分布区域
松散沉积物	亚砂土、亚黏土、黏土、砂、砾石	第四纪	杭嘉湖平原、宁绍平原、温黄沿海河口、滩涂
碎屑岩	泥岩、粉砂岩、砂岩、砾岩	震旦纪—白垩纪	湖州—常山、浙东南白垩纪盆地
碳酸盐岩	灰岩、白云岩	石炭纪—二叠纪、寒武纪—奥陶纪	昌化—开化、安吉
火山岩	流纹岩、熔岩、凝灰岩、玄武岩	侏罗纪	浙东南、萧山—寿昌、莫干山、天目山
侵入岩	花岗岩、闪长岩、花岗斑岩、辉长岩、超基性岩	白垩纪、侏罗纪	零星散布于各地
变质岩	片岩、片麻岩、千枚岩、变质砂岩、板岩、变粒岩、角闪岩、变火山岩	青白口纪、长城纪、蓟县纪	零散分布于浙中绍兴—龙泉、浙西开化

依据岩石及松散沉积物的成因类型及常量化学组分(以 SiO_2、Al_2O_3、Fe_2O_3、MgO、CaO、Na_2O、K_2O 为主)含量的高低进行岩石化学类型的划分,可划分为四大类十八小类(图2-2)。

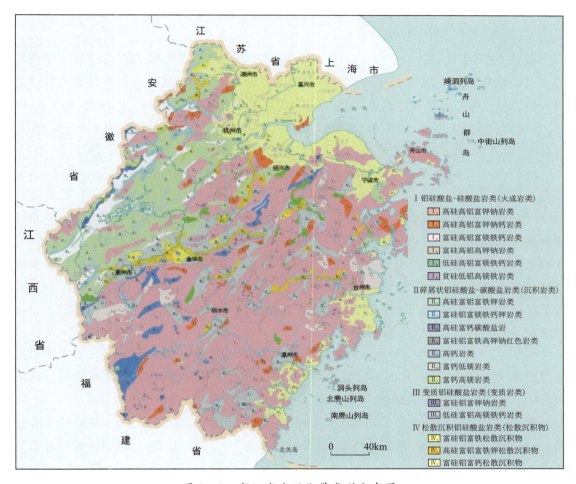

图2-2 浙江省岩石化学类型分布图

铝硅酸盐-硅酸盐岩类(火成岩类)分布面积最广,达 54 750km²,主要分布于浙东及浙南大片火山岩及侵入岩分布区,浙西北的东北部亦有少量分布。与其有关的土壤类型主要为红壤、黄红壤、黄壤、红壤性土及少量的粗骨土。

在碎屑状铝硅酸盐-碳酸盐岩类(沉积岩类)中,因岩石化学组成差异颇大而具有不同的土壤类型,主要以红壤、黄红壤、粗骨土、石灰(岩)土、紫色土及水稻土为主。本大类主要分布于浙西北沉积岩发育区,面积约 27 119km²。

变质铝硅酸盐岩类(变质岩类)主要分布在浙东南区的龙泉、遂昌、诸暨、嵊州等地,面积仅有 233km²,与其有关的土壤类型则以红壤、黄红壤为主。

松散沉积铝硅酸盐类(松散沉积物类)主要分布于河谷平原、山间谷地及沿海平原地区,面积达 17 089 km²,与其有关的土壤类型则以水稻土、潮土为主,坡麓地带以红壤、棕红壤常见,滩涂区则主要为滨海盐土。

第三节 社会经济概况

截至 2017 年底,浙江省下辖 11 个省辖市,其中杭州市、宁波市为副省级城市(宁波市为全国计划单列市),19 个县级市,32 个县,1 个自治县,37 个市辖区。据浙江省统计信息网资料,2017 年末全省常住人口 5 657 万人。其中,男性人口 2 897 万人,女性人口 2 760 万人,分别占总人口的 51.2% 和 48.8%。全年出生人口 67 万人,出生率为 11.92‰;死亡人口 31.3 万人,死亡率为 5.56‰;自然增长率为 6.36‰。城镇化率为 68.0%。

2017 年全年粮食总产量 768.6 万 t。油菜籽播种面积 1 138 km²;蔬菜 6 441 km²;花卉苗木 1 610 km²;中药材 4 860 km²;果用瓜 1 021 km²。2017 年新建粮食生产功能区 1 041 个,累计建成粮食生产功能区 10 172 个,总面积 819 万亩(1 亩≈666.67 m²)。累计建成现代农业园区 818 个,面积 516.5 万亩。省级骨干农业龙头企业 494 家,产值 10 亿元以上的示范性农业全产业链 55 条;全国休闲农业与乡村旅游示范县 24 个;中国重要农业文化遗产 8 个;中国美丽休闲乡村 28 个。

2017 年全省公路总里程 12 万 km,其中高速公路 4 154 km。共有民航机场 7 个,旅客吞吐量 5 759 万人,其中年发送量 3 040 万人。铁路、公路和水运完成货物年周转量 10 106 亿 t·km;旅客年周转量 1 096 亿人·km。港口完成货物吞吐量 16 亿 t,其中沿海港口完成 13 亿 t。宁波-舟山港完成年货物吞吐量 10.1 亿 t,集装箱吞吐量跃居全球第四,达 2 461 万标箱。

浙江省是全国最具经济发展活力的省份之一,2017 年,全省国内生产总值 51 768 亿元,全年货物进出口总额 25 604 亿元,全省人均国内生产总值 92 057 元;城镇居民和农村居民人均可支配收入分别为 51 261 元和 24 956 元。主要的经济区集中于浙北杭嘉湖平原、宁绍平原、浙东温黄平原和温瑞平原。粮食生产可达一年两熟或三熟,以水稻为主,其次为麦类、薯类和豆类,蚕桑、茶叶、柑橘等为本省主要特产,山区盛产药材和经济林木,畜牧业以养猪为主。全省水产资源丰富,海洋渔业和淡水渔业均较发达,舟山渔场是中国最大的渔场。丝绸、棉纺、造纸、食品、工艺美术等行业历史悠久且分布广泛。

第四节 土地资源概况

一、土地资源

土地是人类赖以生存的物质基础,是万物之源、财富之母、发展之基;土地是经济社会发展不可或缺的基本要素,关系各行各业;土地是农民群众生产生活最基本、最重要的生产资料,是农民的命根子,关乎国家粮食安全,关乎农村改革发展稳定,关乎城乡统筹发展。浙江省地处东南,沿海陆域面积 10.55 万 km²,约为中国国土面积的 1.1%,是中国面积较小的省份之一。根据浙江省第二次土地调查主要数据成果:浙江省境内耕地 2 980.03 万亩(图 2-3),占浙江省总面积的 18.83%;园地 943.52 万亩,占 5.96%;林地 8 530.94 万亩,占 53.91%;草地 155.76 万亩,占 0.97%;城镇村及工矿用地 1 333.49 万亩,占 8.43%;交通运输用地 319.07 万亩,占 2.02%;水域及水利设施用地 1 289.53 万亩,占 8.15%;其他土地 273.53 万亩,占 1.73%。

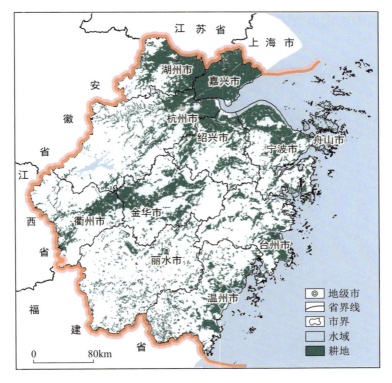

图 2-3 浙江省耕地分布图

浙江省耕地保护形势十分严峻,耕地资源呈现"三少"的特征:耕地总量少、人均耕地少、耕地后备资源少。全省现有人均耕地仅 0.55 亩,为全国平均水平的 40% 左右,仅为世界平均水平的 16%;优质耕地资源少,6°以上的坡耕地约 910 万亩,占耕地总面积的 31%,25°以上的坡耕地约 96 万亩,耕地质量差,产量低;耕地后备资源严重不足,耕地减少的速度惊人,耕地增加的潜力有限。

二、土壤类型

据全国第二次土壤普查资料,根据土壤发生和演变及其肥力特征,浙江省陆地土壤可分为铁铝土、初育土、盐碱土、半水成土和人为土 5 个土纲和红壤、黄壤、紫色土、石灰(岩)

土、粗骨土、基性岩土、山地草甸土、潮土、滨海盐土、水稻土 10 个土类,并进一步细分为 21 个亚类、99 个土属和 277 个土种。全省土壤总面积为 14 529.85 万亩,土壤面积在 1 000 万亩以上的土类有 4 个,依次为红壤、水稻土、粗骨土和黄壤。

受自然条件和人类生产活动影响,浙江省土壤类型有着明显的地域分布特征。根据地貌类型与土壤类型的耦合分布关系,全省可分为滨海滩涂地区、河网平原区、河谷盆地区、丘陵山地区 4 个土壤地域类型。浙西北、浙西南和浙东丘陵山地区地带性土壤以红壤、黄壤为主;浙北水网平原和浙东南滨海平原以水稻土为主;滨海平原的外缘狭长地带为潮土和滨海盐土;红层盆地分布紫色土;浙西北丘陵山地为石灰(岩)土;粗骨土比较集中地分布在浙东、浙西南山地区。浙江省土壤类型分布见图 2-4。现将主要土类特征简要概述如下。

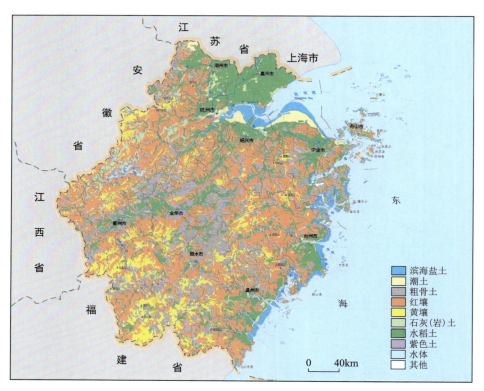

图 2-4 浙江省土壤类型分布图

红壤:是全省面积最大的土壤资源,为发育较好的铁铝土,总面积 5 821.06 万亩,占全省土壤总面积的 40.06%,主要分布在杭州、丽水、温州、台州、衢州、金华及绍兴等地区。土层深厚,质地黏重,均为壤质黏土,表土层黏粒含量为 31.28%,土壤矿物质的风化度高,粉黏比在 0.83～0.98 之间,黏粒矿物以高岭石为主,伊利石次之。红壤呈强酸性,表层 pH 值小于 5.5。根据红壤成土条件、附加成土过程、属性及利用特点划分为红壤、黄红壤、棕红壤、山原红壤、红壤性土等 5 个亚类。

黄壤：分布于全省的中山或低山中上部，以浙西丘陵山地和浙南山地分布面积较大，浙东较少。全省黄壤分布面积 1 543.1 万亩，占全省土壤总面积的 10.62%。黄壤的母质层风化很差，母岩特性较明显，土体较坚实，土体厚度较红壤薄。质地一般多为粉砂质壤土或黏壤土，比红壤质地粗，粉砂性较显著，粉黏比为 1.34~2.94。黄壤具强酸性，pH 值小于 5.5。黏粒矿物以蛭石、绿泥石及高岭石为主，伴有伊利石和石英。

紫色土：主要分布于金衢、永康、新昌、嵊州、天台、仙居、丽水等地区红色盆地内的丘陵阶地上，总面积 514.41 万亩，占全省土壤总面积的 3.5%。紫色土土壤剖面发育极为微弱，土体浅薄，一般不足 50cm，显示粗骨性，土壤质地随母质不同而异，从砂质壤土至壤质黏土，粉黏比平均在 0.8~1.6 之间，粉砂性较突出。土壤结持性差，易遭冲刷，水土流失严重。紫色土 pH 值随不同母质而异，一般在 4.6~8.9 之间。黏粒矿物组成以伊利石为主，次为高岭石、蛭石、蒙脱石。紫色土类可进一步分为石灰性紫色土和酸性紫色土 2 个亚类。

石灰（岩）土：主要分布于浙西丘陵山地区，母岩为碳酸盐类岩石，因受地质构造控制，石灰（岩）土大多呈条带状分布，总面积达 238 万亩，占全省土壤总面积的 1.6%。土体浅薄，平均土体厚度 56cm，土壤与母岩接触界面清楚，土色随岩性而变，以黄、棕、黑 3 色为主。土块核粒状结构体发达，油蜡状胶膜较明显，使土块油光发亮。石灰（岩）土常含有一定量的砾石碎片，但细土部分质地仍较黏重，多为黏土或壤质黏土，表土呈微酸性、微碱性或中性，随石灰（岩）土的成土环境不同而变化。黏粒矿物组成以伊利石为主，伴有蛭石和少量高岭石等。石灰（岩）土可细分为黑色石灰（岩）土和棕色石灰（岩）土 2 个亚类。

粗骨土：广泛分布于河谷、丘陵、低山和中山等地貌部位，多处于植被十分稀疏地段和坡陡地段。总面积 2 047 万亩，占全省土壤总面积的 14.09%，在丽水、金华、温州等地区分布较广。粗骨土的母质为各种岩类的残积物，土体浅薄，土体厚（A+C 层）52cm。细土质地为砂质壤土至砂质黏壤土，土体中 2/3 为砾石和砂粒，显粗骨性。粗骨土呈强酸性、酸性，少数呈微酸性，pH 值多数在 4.5~5.9 之间。土壤片蚀严重。

潮土：绝大多数分布于滨海平原、水网平原和河谷平原地区，总面积达 552.5 万亩，占全省土壤总面积的 3.8%，其中嘉兴、湖州、宁波、杭州等地区为潮土的主要分布区。潮土的母质为洪积、冲积、冲海积及海积沉积物，是在经历脱盐淡化、潴育化和耕作熟化过程后形成的。耕作历史长久的潮土，耕作层一般厚 10~15cm，老菜园土耕层可达 20cm 以上。质地变化大，从砂质壤土至黏土均有，在钱塘江口和杭州湾两岸以砂质壤土至粉砂质壤土为主；滨海、水网平原和部分河谷平原，质地均一，一般无砾石。潮土的 pH 值变化大，河谷平原区在 5.5~7.0 之间，水网平原区在 6.0~7.5 之间，滨海平原区在 6.6~8.5 之间。河谷、水网平原区的潮土均无石灰性反应；滨海平原区的潮土处于脱盐、脱钙过程，1m 土体含盐量平均小于 0.1%；滨海平原外缘的潮土有明显的石灰性反应。

滨海盐土：由近代海相或冲海相沉积物发育而成，面积 596.5 万亩，占全省土壤总面积的 4.1%，主要分布于杭州、宁波、温州、台州等地区。本类土形成历史短、剖面发育差，含盐量高,呈碱性反应,1m土体含盐量在0.6%～1.0%之间。土壤质地变化大,是全省各类土壤中跨度最大的一个土类。黏粒矿物以伊利石为主,其次尚有高岭石、蒙脱石、蛭石、绿泥石等。本类土可细分为滨海盐土和潮滩盐土2个亚类,前者大部分已垦种。

水稻土: 该土为浙江省最重要的耕作土壤,分布广泛,以杭嘉湖、宁绍、台州、温州等地区最为集中,山间谷地及缓坡地段也有分布。总面积3 188.65万亩,占全省土壤总面积的21.95%。水稻土是在各类母质上经过平整造田和淹水种稻,进行周期性灌、排、施肥、耕耘、轮作基础上逐步形成的。根据水稻土土体内的水分状况和特征层的基本性态特征,可分为潴育、淹育、渗育、脱潜和潜育5个亚类。其中潴育水稻土主要分布于水网平原及滨海平原区,母质主要为平原区潮土,部分为其他土壤再积物;淹育水稻土散布于低山丘陵岗背或缓坡地上;渗育水稻土分布于河谷平原的河漫滩及低丘阶地上,其母质主要是潮土,部分为红壤;脱潜水稻土主要分布于水网平原内地势稍低处,母质为湖(海)相沉积物;潜育水稻土主要分布于水网、滨海、河谷平原内地势低洼处,母质为黄壤、红壤的再积物、冲积物、湖海(沼)相沉积物等。

第三章 方法技术与工作质量评述

第一节 方法技术

一、浙江省 1∶25 万多目标区域地球化学调查

浙江省 1∶25 万多目标区域地球化学调查主要包括表层、深层土壤地球化学调查、水地球化学调查及大气干湿沉降地球化学调查等内容。

1. 表层土壤地球化学调查

表层土壤样品的采样密度为 1 个点/km^2,组合分析密度为 1 件/4km^2。样品采集基本按照控制 3/4 个采样小格面积以上,并选择具有代表性、广泛分布的成熟土壤采集。

样品布设以 1∶5 万标准地形图 4km^2 的方里网格为采样大格,1km^2 为采样单元格,自左向右、自上而下依次编号。

平原区及山间盆地区,样点布设于单元格中间部位,以耕地为主的地区根据实地情况,采用"X"形或"S"形进行多点组合采样,注意远离村庄、主干交通线,避开田间堆肥区及养殖场等。

丘陵坡地区,样点布设于沟谷下部、平缓坡地、山间平坝等土壤易于汇集处,在布设的采样点周边 100m 范围内多点采集子样组合成 1 件样品,在采样时主要选择单元格中大面积分布的土地利用类型区,如林地区、园地等,同时兼顾面积较大的耕地区。

在湖泊、水库及宽大的河流水域区,当水域面积超过单元格面积的 2/3 时,于单元格中间近岸部位采集水底沉积物样品,当水域面积较小时采集岸边土壤样品。

在中低山林地区,由于通行困难,局部地段土层较薄,选山脊鞍部或相对平坦、土层较厚、土壤发育成熟地段进行多点组合样品采集。

采集深度为 0~20cm,采集过程中去除表层枯枝落叶及样品中的砾石、草根等杂物,上下均匀采集。土壤样品原始质量大于 1 000g,采样时远离矿山、工厂等点污染源,严禁采集人工搬运堆积土等。

样品采集过程中,原则上要求按照样品布设点位图进行采集,为保证样点在图面上分布的均匀性、代表性,不得随意移动采样点位。但在实际采样中,由于通行条件困难,或是单元格中矿点、工厂等污染分布的影响,可根据实际情况适当合理地移动采样点位,并在

备注栏中说明,同时该采样点与四临样点间距离不小于500m。

2. 深层土壤地球化学调查

深层土壤样品的采样密度为1个点/4km²,组合分析密度为1件/16km²。样品布设以1:10万标准地形图16km²的方里网格为采样大格,4km²为采样单元格,自左向右、自上而下依次编号。

平原及山间盆地区,样品布设采集于单元格中间部位,采集深度为120cm以下10～50cm长土柱。

山地丘陵及中低山区,样品布设、采集于沟谷下部平缓部位或是山脊鞍部土层较厚地区,由于土层较薄,采样深度控制在100cm以下。当单孔样品量不足时,可在周边选择合适地段,采用多孔平行孔进行采集。

土壤样品原始质量大于1 000g,样品采集为成熟土壤,避开山区河谷中的砂砾石层及山坡上残坡积物下部(半)风化的基岩层。

样品采集过程中,原则上同表层土壤样品相同,按照样品布设点位图进行采集,不得随意移动采样点位。但在实际采样中,可根据实际点位处土层厚度、土壤成熟度等情况适当合理地移动采样点位,并在备注栏中说明,同时该采样点与四临样点间距离不小于1 000m。

3. 地形图跨带区表层、深层土壤及样品组合方案

调查区中19°与20°带拼接处采样大格布设与样品组合采用以下方法进行。

表层土壤样品:当拼接区面积小于2km²时,不另布设采样大格;介于2～6km²之间时,布设1个采样大格,采集2～4件单点样,组合成1个分析样品;介于6～8km²之间时,布设2个采样大格,采集8件单点样,组合成2个分析样品。

深层土壤样品:当拼接区面积小于4km²时,不另布设采样大格;介于4～7km²之间时,布设1个采样大格,采集1件样点品,单点分析;介于7～11km²之间时,布设1个采样大格,采集2件单点样,组合成1个分析样品;大于11km²时,布设1个采样大格,采集4件单点样,组合成1个分析样品。

为方便成图处理,组合样点中心坐标位置定在采样格中投影分带界线的中心点上。样品编号统一靠左进行连续编号。

4. 样品加工与组合分析

样品加工选择在干净、通风、无污染场地进行,加工时对加工工具进行全面清洁,防止发生人为玷污。样品采用日光晒干和自然风干,干燥后采用木锤敲打达到自然粒级,用20目尼龙筛全样过筛。加工过程中表层、深层样加工工具分开为两套独立工具,样品加工好后副样500～550g,分析测试子样重70g以上,认真核对填写标签并装瓶、装袋,装瓶样品及分析子样按(表层1:5万、深层1:10万)图幅排放整理,填写副样单或子样清单,移交样品库管理人员,做好交接手续。

组合样品质量不少于 200g,组合分析样品在样品库管理人员监督指导下进行。每次只取 4 件需组合的分析子样,等量取样称重后进行组合,并充分混合均匀后装袋,填写送样单核对无误后,在技术人员检查清点后,送往实验室进行分析。

样品分析:全量 Ag、As、Au、B、Ba、Be、Bi、Br、C、Cd、Ce、Cl、Co、Cr、Cu、F、Ga、Ge、Hg、I、La、Li、Mn、Mo、N、Nb、Ni、P、Pb、Rb、S、Sb、Sc、Se、Sn、Sr、Th、Ti、Tl、U、V、W、Y、Zn、Zr、SiO_2、Al_2O_3、K_2O、Na_2O、CaO、MgO、TFe、OrgC 和 pH 值 54 项。

5. 水地球化学调查

全区共采集水地球化学样品 188 件,其中重复样 4 件,重复样比例 2.13%,采样密度平均为 1 个点/100km²,平原区相对较密,平均密度为 1 个点/64km²,低山丘陵区较稀,平均密度为 1 个点/128km²。野外调查前,将聚乙烯塑料瓶浸泡于稀酸溶液 3 天,再先后以自来水、去离子水冲洗干净,晾干备用。样品主要采集于调查区几大河流水系交汇口、断面,以控制不同支流汇水流域为原则,同时兼顾区内主要县市饮用水源地(库塘、湖泊等),样品在平水期采集。采用瞬时采样法采集水样,采样时尽量轻扰动水体。取样前先用待取水洗涤装样瓶和塞子 3~5 次,然后把取样瓶沉入水下 30cm 深处取样,平行样与原样同时采集、处理。样品需针对不同的待测元素和化合物,加入不同的保护剂,以防止氧化、还原、吸附等物理和化学变化的发生。

(1)对测定 Pb、Zn、Cu、Cd、Mn、Ba、As、Cr、Ni、Co、Be、Ti、Se 元素的水样,用聚乙烯塑料壶或玻璃瓶采样 1 500mL,取澄清或过滤后的 1 000mL 水样贮存于干净的聚乙烯塑料壶或玻璃瓶中,立即加入 10mL(1+1)HNO_3 或加入 10mL(1+1)HCl 摇匀,石蜡密封。

(2)对测定 Hg 元素的水样,先在塑料壶内加入 50mL 浓 HNO_3 及 10mL 5% $K_2Cr_2O_7$ 溶液,再注入澄清或过滤后的 1 000mL 水样,摇匀,石蜡密封。

(3)对测定 pH 值、亚硝酸根的水样,取澄清或过滤后的 1 000mL 水样贮存于干净的聚乙烯塑料壶中,用石蜡密封,阴凉处存放,24h 内送到实验室,并要求在 24h 内分析完毕。

样品分析:pH 值、氯化物、Fe、Mn、Cu、Zn、Mo、Co、Hg、As、Se、Cd、Cr、Pb、Be、Ba、Ni、Ca、Mg、亚硝酸根、氟化物、总磷、总氮 23 项。

6. 大气干湿沉降地球化学调查

样品布设以掌握全区大气干湿沉降基本情况为原则,山地区适当放稀,低丘缓坡及平原区适当加密,样品点的设置以控制大面积连片分布的农用地为原则,同时兼顾不同海拔高度进行布设。沉降物接收选择直径 40cm、高 80cm 的圆筒形集尘缸,放置于距地面 5~10m 处,用特制固定钢架固定;缸口用尼龙网罩盖,防止异物(如鸟粪、树叶等)落入。大气干湿沉降样品的接收周期为一个周期年。集尘缸一般放置于屋顶平台上,缸口应距平台边缘 1m 以上,以避免平台上的扬尘影响,同时避免影响自然降雨对降尘的接收。样品回收时,用干净的毛刷清洗缸壁,充分搅拌均匀后称重,测量沉降物 pH 值,观察记录沉降物状态、集尘缸的完整情况等,量取沉降物(液体)3 000mL,编号后送往实验室进行测试分析。

样品分析:As、Cr、Cd、Hg、Pb、Se 6项。

二、典型元素生态地球化学应用研究

1. 研究区选择

根据浙江省区域地质背景、土壤类型及农业地貌特征,对浙江省农业地质环境调查(2002—2005年)成果数据进行聚类分析,首先将全省分成六大地球化学分区,分别是:浙北平原区(Ⅰ)、浙西山地丘陵区(Ⅱ)、浙东丘陵盆地区(Ⅲ)、浙中盆地区(Ⅳ)、浙南山地区(Ⅴ)、浙东南沿海区(Ⅵ),其中浙北平原分区又分为杭嘉湖水网平原亚区($Ⅰ_1$)、萧山-慈溪北河口滨海平原亚区($Ⅰ_2$)、萧山-宁波水网平原亚区($Ⅰ_3$)3个亚区;浙东南沿海区又分为象山港-台州湾亚区($Ⅵ_1$)、台州湾-苍南亚区($Ⅵ_2$)2个亚区。在6个区分别选择几个典型的区域进行研究,各地球化学分区特征如图3-1,表3-1所示。

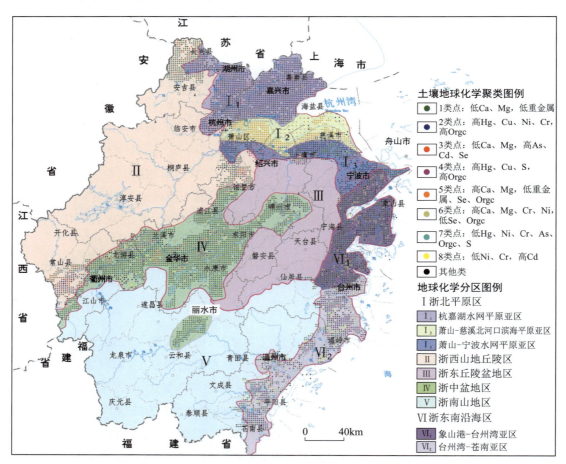

图3-1 浙江省土壤地球化学分区图

表 3-1 浙江省地球化学分区基本特征

地质背景区及编号	主要地貌类型	成土母质与土体构型	土壤地球化学特征	主要工作区
浙北平原区（Ⅰ）	平原	成土母质为湖相、河口相沉积物	Cd 总体含量低，局部异常，Hg、Cr、Ni 背景较高；土壤有机质等养分含量高，土壤弱酸性—中性	嘉善、南浔、萧山、余姚、海盐
浙西山地丘陵区（Ⅱ）	丘陵、低山	泥页岩类风化物、中酸性岩类风化物	重金属含量高，且变异较大；土壤有机质适中，土壤强酸性—中性	桐庐—富阳、江山—常山、诸暨
浙东丘陵盆地区（Ⅲ）	丘陵、盆地、低山	酸性火山岩风化物，局部基性火山岩风化物	土壤低 Ca、Mg，低重金属，有机质含量适中，土壤呈酸性—中性	上虞、嵊州
浙中盆地区（Ⅳ）	盆地	更新世红土、白垩纪紫砂（泥）岩风化物和河漫滩相粉砂	重金属总体较低，但局部 Cd、Cu 污染，养分缺乏，有机质少，土壤酸性	婺城、东阳、龙游
浙南山地区（Ⅴ）	低山、盆地	酸性火山碎屑岩、熔岩风化物，局部白垩纪紫色碎屑岩风化物	重金属含量低，养分缺乏，土壤强酸性	丽水、青田
浙东南沿海区（Ⅵ）	平原、丘陵	海积物、酸性火山岩风化物	Pb、Cr、Ni、As 等总体较高，其他重金属含量较低，局部异常，从东向西 pH 值逐渐降低；表层土壤呈弱酸性—弱碱性	宁海—象山、温岭、苍南—平阳

在六大分区的基础上，根据研究内容和区域地质地球化学特征，每个分区选择 1～2 个重点工作区和一般工作区，共选择工作区 18 个（图 3-2）。

2. 野外采样方法

土地质量地球化学应用研究对象主要有浙江省具有代表性的大宗农产品及其根系土、土壤垂向剖面、岩石和灌溉水等。农产品包括水稻、蔬菜、桑叶、桑果、蚕沙、鲜鱼等。水稻样品包括稻谷、稻根、稻茎和稻叶；蔬菜样品包括根菜类（萝卜）、茎菜类（莴苣）、花菜类（花椰菜、西兰花）、叶菜类（青菜、小白菜）和果菜类（番茄、茄子）5 个品种的蔬菜。

1）样品采集

野外工作手图以 1:5 万地形图为底图，样品布设密度约 1 点/4km²。水稻样品布置在粮食生产功能区或集中连片的稻田，蔬菜样品尽可能布置在具有一定规模的蔬菜种植基地和集中连片的菜地。

稻米及根系土以"样方式"采集，具体做法如下：在离田埂约 2m 处，利用钢卷尺量出 1m×1m 的范围，在其内将水稻连根拔起，抖落的土壤作为根系土样品，装入布样袋，样品量大于 2kg；将稻谷用剪刀剪下，装入布样袋，样品质量大于 1kg。

蔬菜样品的采集采取"S"形或"X"形 5 点组合，每个点采集样重约 250g，将 5 个分样混匀后作为一个样品装入一个保鲜盒（保鲜袋）封存。采集时将蔬菜连根拔起，抖落带起

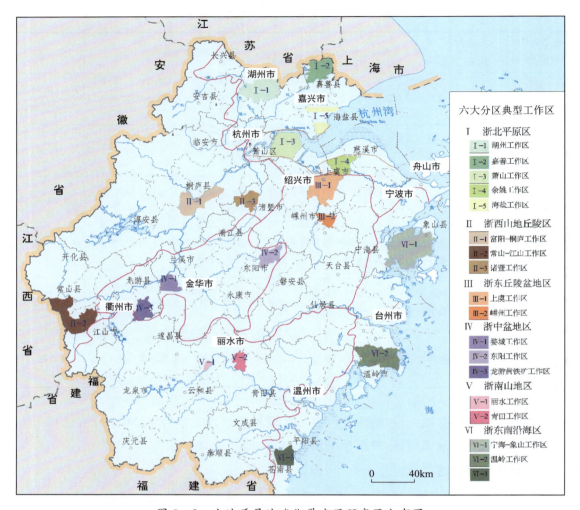

图3-2 土地质量地球化学应用研究区分布图

的土壤,将其作为根系土样品装入布样袋,根系土样品质量大于2kg;用剪刀剪下可食部位,装入保鲜盒,防止水分流失。

桑树和桑果样品,主要选择调查区面积较大的桑园,采取"S"形或"X"形5点组合方法,每个点采集样重约250g,将5个分样混匀后作为一个样品装入一个保鲜盒(保鲜袋)封存。

土壤剖面:选择在部分稻米、蔬菜采样点上布置垂直剖面,剖面深度以见到成土母岩-基岩为准。土壤垂向分层明显的剖面采集成土母岩、母质层、淀积层、淋溶层、腐殖层(根系土)样品;土壤垂向分层不明显的剖面,以1个样/10~20cm的密度等间距采样,每种样品质量大于1kg。

灌溉水样点布设于集中连片农田灌溉河流的灌溉出水口,在农田集中灌溉期4—5月取样,采水容器需用已过滤的水样清洗3次,每个水样分成2份,每份500mL,一份原水样,一份加入 25mL 浓 HNO_3 及 5mL 浓度 15% $K_2Cr_2O_7$ 溶液作为保护剂。饮用水样品直接采集当地的自来水,采水容器需用已过滤的水样清洗 3 次,采集 500mL 原水样。

湿地(桑基鱼塘)鲜鱼样品:浙江省农业地质环境调查首次开展鲜鱼样品采集和分析,具有十分重要的意义。项目组于 2014、2015 年分两个年度鱼成熟旺季采样,主要针对湿地鱼塘养殖青鱼、草鱼、黑鱼、鲫鱼和鲈鱼等。

2)样品保存、加工

将采集的土壤样品置于通风场地晾晒并自然风干,将风干后样品平铺在制样板上,用木棍或塑料棍碾压,并将植物残体、石块等侵入体和新生体剔除干净。压碎的土样要全部通过 2mm(10 目)的孔径筛。未过筛的土粒必须重新碾压过筛,直至全部样品通过 2mm 孔径筛为止。

稻谷样品经脱粒后去壳,稻谷、稻壳、蔬菜类和水稻根、茎、叶等样品,经分拣(去除石子等)、清水淘洗干净(除去黏附土壤和因施肥、喷农药引起的污染),用去离子水淘洗 3 遍,60℃烘干。用专用机具无污染加工至粒度约 60 目,送分析室测定。

鱼样品、蔬菜样品及农作物根、茎、叶等样品为防止腐烂,应当天快递到实验室进行消化处理;土壤和稻谷样品回到驻地后,应及时放至干净通风的地方晾干、送检。

3)分析测试

水稻和蔬菜样品分析 Cd、Hg、Pb、As、Cu、Zn、Cr、Ni、Se、I 等元素。

根系土样品分析土壤质地、有机碳、pH 值、CEC(阳离子交换量)、Eh、Cd、Hg、As、Pb、Cr、Ni、Cu、Zn、Se、I 全量,其中部分样品加测 Cd、Hg、As、Pb、Cr、Ni、Cu、Zn、Se、I 形态(七态:水溶态、离子交换态、碳酸盐结合态、腐殖酸态、铁锰氧化态、强有机态和残渣态)。

桑果样品分析 Cd、Hg、Pb、As、Ni、Zn、Se、果实硬度、可溶性固形物、总酸、总糖、维 C、氨基酸、黄酮类物质。

桑叶样品分析 N、P、K、Ca、Mg、S、Fe、Mn、Cu、Zn、Se、B、Mo、Sr、Cr、F、Cd、Hg、Pb、As、Ni、可溶性碳水化合物、氨基酸、植物蛋白、纤维素、果胶、有机酸、阿拉伯聚糖、戊聚糖、粗脂肪。

蚕沙样品分析 N、P、K、Ca、Mg、S、Fe、Mn、Cu、Zn、Se、B、Mo、Sr、Cr、F、Cd、Hg、Pb、As、Ni、可溶性碳水化合物、氨基酸、蛋白质、纤维素、粗脂肪。

鱼样品分析粗蛋白、脂肪、孔雀石绿、五氯酚钠、Cd、Hg、Pb、As、Ni、Se。

第二节 工作质量评述

一、野外调查质量

1. 浙江省 1∶25 万多目标区域地球化学调查

项目各项野外工作严格按照中国地质调查局相关技术标准要求,按照浙江省地质调查院 ISO 质量管理体系进行项目质量监控管理。为确保项目调查质量，在开展野外调查工作之前，进行方法技术培训，并在不同阶段及时开展各项野外工作质量检查。检查比例及检查质量符合规范要求。

1）对土壤地球化学样品采集技术方法进行了统一培训

根据项目组编写的《土壤地球化学样品采集技术规范要求》，对所有参加土壤地球化学样品采集的技术人员进行了室内及野外技术培训，培训从理论指导及野外实地操作两方面进行，并成立了项目质量检查小组，对样品采集及加工进行全程质量检查跟踪。

2）对野外调查采样 GPS 进行了校正及一致性检验

根据多目标地球化学调查技术要求，按年度分区块对野外调查采样所用的全部手持 GPS，进行了校正和一致性检验。全区共选择控制点 12 个，均匀分布于工作区内，误差均符合规范要求，有效地控制和保障了野外调查采样精度。

3）三级质量检查情况

采样小组自（互）检：各采样小组在日常样品采集过程中，根据自（互）检登记表要求，均进行了 100% 自（互）检，检查内容主要包括样品采集重量、样品防玷污措施、记录卡填写内容的完整性、准确性，记录卡、样品、点位图的一致性；GPS 航点航迹的完整性及存储情况等，并对发现问题进行了及时纠正。

样品加工组自（互）检：对野外采样组移交的样品进行 100% 核对，对样袋是否完整、编号是否清楚、原始重量是否满足要求，样品数与样袋数是否一致，样品编号与样袋编号是否对应；样品干燥、揉碎过程中是否有样袋破损、相互玷污进行了 100% 自（互）检，并填写野外样品加工日常检查登记表，整个样品加工过程规范，符合规范要求。

所（院）级质量检查：在野外样品采集过程中，组织所里有关力量组成质量检查小组，分别对野外采样质量及样品加工质量进行系统检查。室内对各小组的采样记录卡、野外工作手图、自互检表、GPS 航点航迹保存记录及样品的临时保存情况等进行了抽查，野外选取典型采样路线对野外实际采样情况，从采样点位的代表性、采样深度、野外标记、记录的客观性、全面性等方面进行了实地抽查。如浙西北多目标区域地球化学调查项目，所级质量检查 2014—2016 年共出具检查报告 11 份，室内检查比例大于 20%，野外检查比例大于 5% 均达到设计要求。

院（大队）级质量检查：在项目组自（互）检、所级质量检查的基础上，浙江省地质调查院总工办组织专家对野外采样及室内资料整理情况进行了质量检查，室内对记录卡、点位图、GPS 航点航迹保存、项目组自（互）检、所级质量检查记录等进行了抽查，并实地对采样质量进行了抽查。2014—2016 年共出具检查报告 6 份（表 3-2），室内检查比例大于 5%，野外检查比例大于 1% 均达到设计要求。如浙西北多目标区域地球化学调查项目，其 2014 年院级质量检查为优秀级、2015 年院级质量检查为良好级、2016 年二级项目野外工作质量验收检查为良好级。

2. 典型元素生态地球化学应用研究

项目组严格按照有关标准对项目各项工作的质量进行把关,实行严格的三级质量检查制度。其中,各调查采样小组原始资料做到了100%自(互)检,土地质量调查研究中心专门成立质量检查组,全程参与野外调查工作,全程进行质量监控,并负责采样技术指导及重复样采集等工作。中心主任工程师、项目负责人代表和项目组对野外工作质量进行抽检,组织开展质量检查活动,严格检查采样工作质量,对检查结果进行了全面记录。样品加工阶段,质检人员深入样品加工现场,检查样品加工全过程,了解样品加工质量是否符合工作要求,对发现的问题及时纠正。

浙江省地质调查院总工办于2015年2月、2016年1月和2016年10月对调查采样工作、原始资料和专题研究课题工作等进行了院级质量检查,顺利通过,并获得优秀级。院级和所级(所质检组及主任工程师、项目负责人)质量检查对发现的问题均做了详细的记录,填制了质量检查卡,出具了质量检查报告。其中,所级(二级)质量检查室内资料抽检占完成总工作量的20.77%,野外实地抽检占16.5%,样品加工抽检占26.2%;院级(三级)质量检查室内资料抽检占5.5%,野外实地抽检占2.2%,样品加工抽检占5.2%。各调查采样小组也及时针对存在的问题逐条进行了修改纠正,问题已得到了有效解决。浙江省自然资源厅(原国土资源厅)于2016年11月22日组织专家对项目进行野外验收,验收认为该项目组织实施严密,工作部署合理,技术路线正确,各项野外工作质量符合规范要求,专家组同意通过验收,评定为优秀级。

二、样品测试分析质量

1. 浙江省1∶25万多目标区域地球化学调查

样品分析主要由国土资源部杭州矿产资源监督检测中心中标承担,分析过程质量控制严格按照《多目标区域地球化学调查规范(1∶250 000)》(DZ/T 0258—2014)等技术要求执行,分别对检测过程的精密度、准确度进行了日常监控,并对检测过程出现的质量问题进行了及时处理,保障了分析结果的可靠性。经过统计分析质量参数,各项分析质量参数均达标,提供的分析数据不会影响和歪曲或掩盖地球化学背景和异常。

如浙西北多目标区域地球化学调查项目,根据中国地质调查局有关区域地球化学样品测试要求,中国地质调查局区域化探样品质量检查组对项目土壤全量、有效态、生物样、水样、大气干湿沉降样等全部样品测试分析数据进行了质量检查验收。检查认为,各项测试分析数据质量指标达到规定要求,以优秀级通过验收。

2. 典型元素生态地球化学应用研究

浙江省地质调查院委托浙江省分析测试协会,组织专家于2016年10月20日至21日在浙江省杭州市召开评审会议,对浙江省地质矿产研究所(以下简称地矿所)承担的"浙江省西北部土地环境地质调查与应用示范"项目中样品元素分析质量进行评审验收。

评审认为：由浙江省地质矿产研究所承担的"浙江省西北部土地环境地质调查应用研究"项目中的土壤样品全量、有效态、灌溉水、植物、大气沉降样品分析工作，已按照"规范""技术要求"及"合同"的约定完成了全部检测工作，各项质量指标达到要求，各类样品分析测试质量均可通过验收。

第二篇

典型重金属元素生态地球化学调查与应用研究

第四章 典型重金属元素生态地球化学特征

土壤重金属污染具有多源性、长期性、隐蔽性等特征。土壤受到重金属污染之后，随着饮用水及食用农产品等途径进入人体，将严重危害人体健康，因此在环境污染调查研究中，重金属元素是重要的调查评价指标，已经被世界各国列入优先控制的污染物名单中。掌握了解土壤及农产品中重金属元素的分布特征，开展农产品健康风险评价为各级政府更好地开展耕地保护和食用农产品安全决策，提供技术支撑，具有重要的社会意义。

第一节 土壤中典型重金属元素含量特征

一、土壤重金属元素背景值特征

土壤重金属元素背景值，是土壤重金属元素背景的量值，反映在一定的区域范围内、一定时期内表层土壤中重金属元素的含量特征。

1. 土壤重金属元素背景值

根据浙江省1∶25万多目标区域地球化学调查资料，全省土壤重金属元素背景值统计结果见表4-1。

表4-1 浙江省土壤重金属元素背景值统计表

元素	样品数(件)	极大值	极小值	均值	标准差	变异系数	几何均值	全国背景值
As	14 711	332.28	0.87	7.19	2.88	0.40	6.63	9.00
Cd	14 701	27.80	0.01	0.17	0.06	0.33	0.16	0.14
Cr	15 543	540	3.37	51.93	25.27	0.49	45.18	53.0
Cu	15 189	904.3	1.05	23.17	10.52	0.45	20.77	20.0
Hg	14 920	17.55	0.007	0.10	0.05	0.48	0.09	0.026
Ni	15 440	202.9	2.00	20.72	11.45	0.55	17.51	24.0
Pb	14 802	1 118	13.00	33.63	7.90	0.24	32.71	22.0
Se	15 194	6.32	0.02	0.35	0.15	0.42	0.32	0.17
Zn	15 156	3 052	24.79	85.85	22.51	0.26	82.92	66.0

注：含量单位为mg/kg。全国背景值据王学求等(2016)。

由表 4-1 可以看出,浙江省有 8 种重金属元素受地质背景因素的影响,Ni、Cr、Hg、Cu、As 元素变异系数均大于 40%,说明在空间上分布极为不均匀,属强变异程度。而 Cd、Zn、Pb 元素在区内分布相对较为均匀。

与全国土壤背景值相比较,浙江省土壤重金属元素中 Zn、Pb、Cu、Hg、Cd 高于全国背景值,其中 Zn、Pb 元素远高于全国背景值,可能与浙江省西部地区金属硫化物矿床点的分布有关,Cr、As、Ni 元素低于全国背景值。在偏离幅度上 As、Ni 元素低于全国背景值 10.0%以上,其中 As 元素低于全国背景值含量 20.1%,而 Cu、Cd、Zn、Pb、Hg 元素均高于全国背景值 10.0%以上,其中 Pb、Hg 高达 50.0%以上,最高为 Hg,达到 284.6%,远高于全国土壤背景值,可能与区内长时期人类活动有关。

2. 不同母岩母质类型区背景值

土壤地球化学特征对成土母岩母质具有明显的继承性。工作区成土母质类型总体可分为近现代冲积、洪积及海积、湖沼相的松散沉积物和残坡积物两大类型。松散沉积物主要分布于平原区,残坡积物主要分布于山地丘陵区,由不同母岩风化而成。根据成土母岩地球化学特征,可分为变质岩、紫红色(钙质)碎屑岩、碎屑岩、碳酸岩、中基性岩、中酸性火山碎屑岩、中酸性侵入岩及松散沉积物等几大类型。

以浙西北地区为例,全区不同成土母岩母质类型区土壤重金属元素背景值统计结果见表 4-2。

表 4-2 浙西北地区不同成土母岩母质类型区土壤重金属元素背景值统计表　　单位:mg/kg

元素	变质岩区	紫红色(钙质)碎屑区	松散沉积物区	碎屑岩区	碳酸岩区	中基性岩区	中酸性火山碎屑岩区	中酸性侵入岩区
As	7.24	6.16	6.92	7.34	15.94	4.22	5.50	6.03
Cd	0.18	0.17	0.16	0.14	0.34	0.20	0.17	0.18
Cr	64.08	38.15	61.24	63.67	69.07	40.71	24.61	27.65
Cu	32.06	16.73	23.79	23.00	33.28	27.81	12.56	13.85
Hg	0.08	0.07	0.12	0.08	0.10	0.07	0.08	0.09
Ni	22.11	9.15	24.41	24.14	32.81	12.69	9.10	10.95
Pb	28.01	30.35	32.20	27.51	31.27	26.96	32.35	33.14
Zn	85.64	63.31	76.62	75.16	99.49	86.34	73.58	79.22

由表 4-2 可以看出,受母岩母质特性的影响,在碳酸岩土壤区中,重金属元素 As、Cd、Cr、Zn 的背景值明显高于其他类型,而在松散沉积物(第四系)分布区,土壤中 Hg 受人为因素的影响,为全区最高。同时在变质岩区、中基性岩区土壤中 Zn 相对较高,在中酸性侵入岩、中酸性火山碎屑岩区中 Pb 相对较高。

3. 不同土壤类型区背景值

浙西北地区不同土壤类型中土壤重金属元素地球化学统计参数见表 4-3。由表 4-3 可以看出，不同土壤类型中表层土壤元素平均含量具有较明显的差异，主要与区域土壤类型分布及成土母岩母质类型、地形地貌特征及人类活动等因素有关。

表 4-3 浙西北地区不同土壤类型区土壤重金属元素地球化学统计表 单位：mg/kg

元素	滨海盐土	潮土	粗骨土	红壤	黄壤	岩性土	水稻土	紫色土
As	4.94	6.17	5.88	6.31	5.96	8.67	7.13	5.64
Cd	0.12	0.15	0.16	0.16	0.2	0.3	0.16	0.16
Cr	51.16	52.44	22.72	43.2	28.19	72.72	56.74	36.54
Cu	14.24	21.34	12.59	17.3	13.17	29.31	23	16.59
Hg	0.04	0.11	0.07	0.09	0.1	0.11	0.11	0.06
Ni	23.6	23.01	7.42	11.2	11.27	30.39	20.7	10.01
Pb	18.68	27.6	32.61	30.56	35.31	31.45	31.51	29.78
Zn	61.0	76.88	72.26	75.01	81.41	91.42	75.73	65.03

通过对比分析可以发现，红壤土壤中各重金属元素含量相对适中，无明显偏高或偏低元素，岩性土中除 Pb 元素之外，其他各元素均明显偏高，尤其是 Cd、As、Ni、Cr、Zn 元素。而在滨海盐土、紫色土中 Hg、Cd、As、Pb、Zn 元素明显偏低，粗骨土中 Pb 元素相对偏高，Cu、Ni、Cr 元素相对偏低；水稻土、潮土中 Hg、As、Cu、Cr 元素相对偏高，黄壤土壤中 Pb、Zn 元素明显偏高，而 Cu、Cr 元素相对偏低。

二、土壤重金属元素的组合特征

土壤元素的区域分布与组合特征是对所处地质背景环境和人为影响因素的集中体现。利用 SPSS19 统计软件对全区土壤 8 种重金属元素进行聚类分析，用数学方法按照某种相似性或差异指标，定量确定样本之间的亲疏关系，进行研究元素间的组合分布规律。图 4-1 为全省 8 种重金属元素的聚类分析谱系图。由图中可以看出，当"相关系数"为 25% 时，全区 8 种重金属元素总体可分为两大簇群。第一簇群为 Cr、Ni、Cu、Pb、Zn、Cd、As 组合，第二簇群

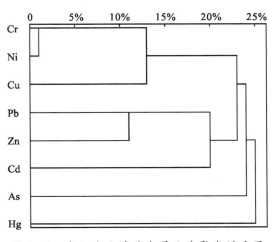

图 4-1 浙江省土壤重金属元素聚类谱系图

为Hg。其中第二簇群Hg单独成群,说明区内Hg元素的分布主要与人类生产活动密切相关。而第一簇群在"相关系数"为13%时,可进一步划分为4个簇群,其中Cr、Ni、Cu元素相关性较好,总体与区内地质背景及相关的金属硫化物矿床点的分布有关。而Pb、Zn、Cd、As元素,除与地质背景有关之外,还受到了人类生产活动的影响。

通过以上分析可知,全省土壤8种重金属元素的组合特征,总体受地质背景与人类生产活动双重影响。其中Cr、Ni、Cu元素的组合分布主要与地质背景因素有关,Pb、Zn、Cd、As元素受地质背景与人类生产活动的双重影响,而Hg元素则主要与人类生产活动有关。

三、土壤重金属元素的区域分布特征

1. 总体分布特征

受成土母岩母质、地形地貌、土地利用方式、人类活动等多种因素影响,大多数土壤元素区域分布极为不均,出现明显的局部富集或贫化现象。全区土壤重金属元素高值区和低值区多明显集中在以下几个区域。

1)杭嘉湖-宁绍平原区

该区位于浙江东北部水网平原,成土母质为第四系冲积物,以水稻土、潮土、滨海盐土为主,土壤呈弱碱性、中性、弱酸性。土壤中Cd、Pb元素呈现低背景,Hg、Cr、Ni、Cu元素呈现较明显的高背景。

2)安吉-临安-富阳西部山地丘陵区

该区呈南北向条带状展布,母岩母质类型主要为碎屑岩、中酸性火山岩风化物,红壤类土壤,土壤呈酸性。总体表现为As、Cd、Cu元素处于高背景区,而Pb元素处于低背景区,Ni、Zn元素为高低相间分布状态。

3)衢州-金华-建德低山盆地区

该区为北东向条带状展布,成土母质主要为紫红色碎屑岩、中酸性火山碎屑岩风化物。红壤、岩性土土类,土壤呈酸性。土壤中Hg、Cr、Ni、Zn元素为低背景区,As、Cd、Pb元素为高背景区。

4)绍兴-宁波-台州-温州东部沿海区

该区呈弧状展布,母岩母质类型主要为中酸性火山碎屑岩、基性岩风化物及第四系松散沉积物,土壤类型主要为红壤、岩性土、水稻土,土壤呈酸性-中性。土壤中As、Cr、Ni元素为低背景区,Cu、Pb、Zn元素为高背景区。

2. 重金属各元素区域分布

1)砷(As)元素

如图4-2所示,As元素含量变化区间0.9~332.3mg/kg,全区平均值7.19mg/kg,

变异系数 0.40。元素高低值区整体在区内分布不均匀,大于 18.14mg/kg 以上高值区在分水江北东—富阳市西—临安市东一带受北东向区域构造影响,呈北东带状分布,其他高值区在调查区中部积聚富集呈孤点状分布。小于 5.00mg/kg 低值区在嵊州—新昌、磐安、松阳一带呈面状分布,其他低值区在萧山北部、三门县境内呈分散点状分布。

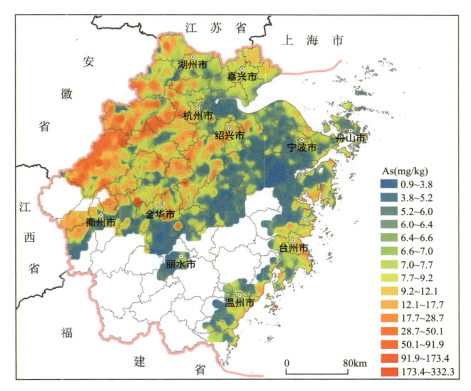

图 4-2 土壤 As 元素地球化学图

2) 镉(Cd)元素

Cd 元素含量变化区间 0.013~27.8mg/kg(图 4-3),全区平均值 0.17mg/kg,变异系数 0.33。大于 0.35mg/kg 以上高值区受区域北东向构造影响,在分水江北—富阳西—临安南、桐庐县—富阳沿富春江一带呈北东向带状分布,其他高值区分布不均匀,局部富集呈分散状分布。小于 0.13mg/kg 低值区在临安市境内,分水江北呈北东向带状分布,余姚—宁海有南北向低值条带,其他低值区分布不均,呈积聚分散状。

3) 铬(Cr)元素

Cr 元素含量变化区间 3.37~540.00mg/kg,全区平均值 51.93mg/kg,变异系数 0.49。元素在全区整体呈北高南低的变化趋势,大于 74.22mg/kg 以上高值区在钱塘—富春—分水江以北,以安吉—德清县为中心呈断续环状分布,主要处在砂(砾)岩及火山岩类风化物中。小于 20.97mg/kg 低值区在武义南东—永康东—东阳东一带呈北东带状

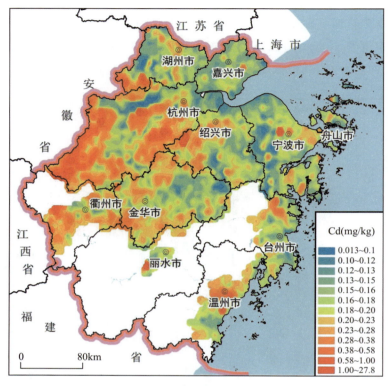

图 4-3 土壤 Cd 元素地球化学图

分布。

4) 铜 (Cu) 元素

Cu 元素含量变化区间 1.05~904.3mg/kg，全区平均值 23.17mg/kg，变异系数 0.45。元素低高值区分布形态和铬元素较为相似，大于 40.70mg/kg 以上高值区在宁波、绍兴、嘉兴等平原区，以及桐庐、新昌等地分布。低背景值区主要在松阳—磐安县，嵊州—宁海等地呈面形分布。与区域地质构造、人类活动关系密切。

5) 汞 (Hg) 元素

如图 4-4 所示，Hg 元素含量变化区间 7~17553 $\mu g/kg$，全区平均值 0.10mg/kg，变异系数 0.48。元素低高值区整体呈北高南低的变化趋势，高值区主要与人类活动和工业生产密切相关，在城市活动周边积聚富集，大于 0.36mg/kg 高值区在嘉兴、湖州、杭州、绍兴、宁波、温州等城镇周边，呈面形分布。小于 0.06mg/kg 低值区在南部磐安等地呈孤点状分布，元素分布与成土母岩有关，具有局部累积现象。

6) 镍 (Ni) 元素

Ni 元素含量变化区间 2~203mg/kg（图 4-5），全区平均值 20.72mg/kg，变异系数 0.55。元素低高值区在全区的分布形态和元素铬高度相似。整体与成土母质类型及地形

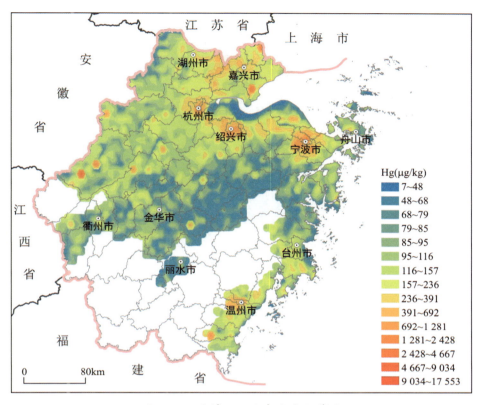

图 4-4 土壤 Hg 元素地球化学图

地貌特征关系密切。

7) 铅(Pb)元素

Pb 元素含量变化区间 13.00~1 118.00mg/kg，全区平均值 33.63mg/kg，变异系数 0.24。整体呈北低南高的变化趋势。大于 51.40mg/kg 以上高值区在调查区南北分布较不均匀，主要集中在杭州、绍兴、宁波、台州和温州等城市周边。低值区主要分布在杭州东—钱塘江沿线东侧呈面形分布，此外在安吉—长兴、建德北—富春江西局部有富集。

8) 锌(Zn)元素

Zn 元素含量变化区间 24.79~3 052.00mg/kg，全区平均值 85.85mg/kg，变异系数 0.26。大于 124.20mg/kg 以上高值区在临安—杭州、桐庐—富阳—富春江东一带呈北东向带状分布，同时在绍兴、宁波、温州等地区也有面状高值区分布，总体与区域北东向构造密切相关。小于 56.10mg/kg 低值区主要分布在西苕溪西—长兴西、衢州—义乌—东阳一带，整体与成土母质类型及地形地貌特征关系密切。

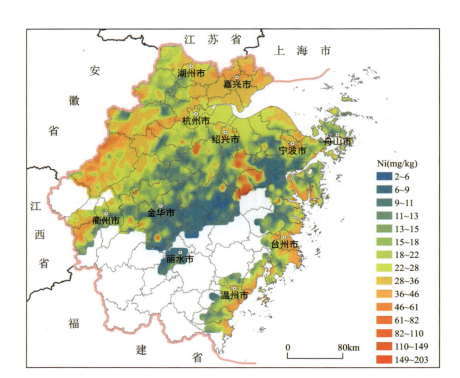

图 4-5 土壤 Ni 元素地球化学图

第二节 农产品重金属含量特征健康风险评估

一、稻米、蔬菜重金属含量特征

重金属元素多为作物的非必需元素,其来源各异(土壤、水和大气等),可通过各种生物化学作用进入作物系统。重金属的过量累积,不仅影响农产品的产量和品质,更重要的是对农产品的卫生安全造成威胁。

1. 稻米重金属含量特征

稻米是浙江省最重要的粮食作物,开展稻米重金属含量特征统计和研究是生态地球化学研究的重要课题,具有基础性研究意义,也是开展农产品安全评价及生态安全评价的关键技术。本书共收集稻米样品 2 721 件,点位主要分布于浙江省浙北平原、浙中盆地和浙东沿海平原三大产粮区,浙南、浙西等地也零星分布。样品采集时间为 2012—2016 年。

表 4-4 为浙江省三大产粮区稻米重金属含量特征,由表可知浙中盆地区稻米 Cd、Hg、Pb、Ni、Cu、Zn 元素均值高于浙北平原区和浙东沿海平原区;浙北平原区和浙东沿海平原区稻米 Cr 元素均值高于浙中盆地区;三大产粮区稻米 As 元素均值差异不大。浙江省稻米 Cd、Pb 元素含量变异系数大于 100%,且三大产粮区变异系数都较大,浙东沿海平原区 Ni 元素变异系数也达到 140%,说明稻米中这些元素区域分布极不均匀。

表 4-4　浙江省三大产粮区稻米重金属背景值

元素	产区	样品数 N(件)	平均值 $\bar{X}$	标准偏差 S	变异系数 C_v(%)	背景区间 $\bar{X} \pm S$
Cd	浙北平原区	1 351	0.031	0.058	185	0~0.089
	浙中盆地区	684	0.176	0.237	135	0~0.413
	浙东沿海平原区	228	0.101	0.109	107	0~0.210
	浙江省	2 721	0.082	0.157	191	0.002~0.200
Hg	浙北平原区	1 351	3.711	1.45	39	2.261~5.161
	浙中盆地区	684	3.914	2.21	56	1.704~6.124
	浙东沿海平原区	228	3.54	2.03	57	1.510~5.570
	浙江省	2 721	3.755	1.776	47	2.240~5.040
As	浙北平原区	1 351	0.107	0.038	36	0.069~0.145
	浙中盆地区	684	0.104	0.038	37	0.066~0.142
	浙东沿海平原区	228	0.101	0.036	36	0.065~0.137
	浙江省	2 721	0.106	0.038	36	0.070~0.138
Pb	浙北平原区	1 351	0.075	0.083	111	0~0.158
	浙中盆地区	684	0.088	0.082	93	0.006~0.170
	浙东沿海平原区	228	0.063	0.022	36	0.041~0.085
	浙江省	2 721	0.078	0.079	102	0.047~0.099
Cr	浙北平原区	1 351	0.348	0.26	75	0.088~0.608
	浙中盆地区	684	0.23	0.188	81	0.042~0.418
	浙东沿海平原区	228	0.36	0.206	57	0.154~0.566
	浙江省	2 721	0.313	0.241	77	0.115~0.479
Ni	浙北平原区	1 351	0.42	0.21	51	0.210~0.630
	浙中盆地区	684	0.55	0.45	81	0.100~1.000
	浙东沿海平原区	228	0.5	0.71	140	0~1.210
	浙江省	2 721	0.475	0.395	83	0.215~0.669
Cu	浙北平原区	1 351	2.953	0.86	29	2.093~3.813
	浙中盆地区	684	4.337	3.95	91	0.387~8.287
	浙东沿海平原区	228	2.773	0.93	33	1.843~3.703
	浙江省	2 721	3.455	2.618	76	1.750~4.570
Zn	浙北平原区	1 351	18.93	4.67	25	14.26~23.60
	浙中盆地区	684	23.12	5.9	26	17.22~29.02
	浙东沿海平原区	228	19.51	5.21	27	14.30~24.72
	浙江省	2 721	20.42	5.53	27	14.99~25.67

注：表中 Hg 含量单位为 μg/kg，其他元素含量单位为 mg/kg。

2. 稻米重金属含量变化

本次研究将稻米重金属含量（现状）与2002年的稻米重金属含量做了比较。2002年，浙江省农业地质环境调查项目共采集稻米样品158件，主要集中分布于浙北平原区和浙中盆地区。样品的采集和分析测试方法同本书。表4-5为浙江省农业地质环境调查项目采集的稻米样品重金属含量特征，图4-6为含量箱图。

表4-5 2002年浙江省稻米重金属含量特征

元素	平均值 $\overline{X}$	标准偏差 S	变异系数 C_v	背景区间 $\overline{X} \pm S$
Cd	0.052	0.051	98	0.001～0.103
Hg	9.571	2.847	30	6.724～12.418
As	0.513	0.180	35	0.333～0.693
Pb	0.720	0.230	32	0.490～0.950
Cr	1.024	1.244	122	0～2.268
Ni	0.976	0.527	54	0.449～1.503
Cu	3.955	1.174	30	2.781～5.129
Zn	21.309	5.786	27	15.52～27.10

注：表中Hg含量单位为μg/kg，其余元素含量单位为mg/kg。

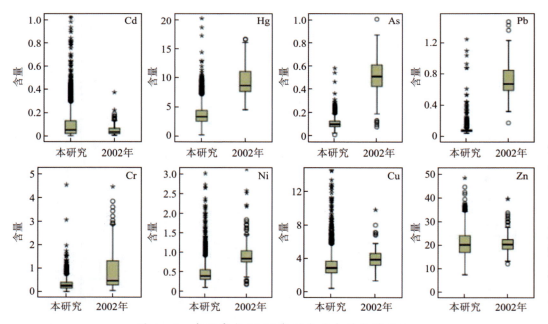

图4-6 本研究与2002年稻米重金属含量对比

注：图中Hg含量单位为μg/kg，其他元素含量单位为mg/kg

与 2002 年采集的稻米样品相比,本书稻米中重金属元素含量具有以下特征:稻米中 Cd 元素含量明显升高,且变异系数增大,可能与局部土壤污染、土壤酸化有关;Hg、As、Pb、Cr、Ni 元素含量降低,特别是 Pb 元素,降低到 2002 年的 11%,可能与近些年来无铅汽油的使用有关。其次是 As、Cr、Hg、Ni 元素,较 2002 年降低了 21%～65% 不等。Cu、Zn 元素与 2002 年基本持平。

3. 蔬菜

蔬菜样品采集时间为 2012—2016 年,共 1 036 件,样品点位分布于浙江各县市,蔬菜品种根据食用部位可分为 5 类:根菜类、茎菜类、叶菜类、花菜类、果菜类。各类蔬菜所采品种:根菜类包括萝卜、土豆、莲藕、竹笋;茎类包括莴苣、芦笋、茭白;叶菜类包括青菜、生菜、空心菜、雪里蕻;花菜类包括花椰菜、西兰花;果菜类包括茄子、番茄。如图 4-7 所示,不同类蔬菜重金属含量差异较大。

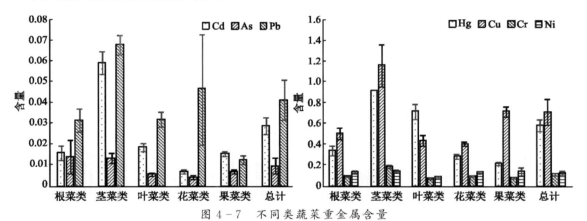

图 4-7 不同类蔬菜重金属含量

(注:图中 Hg 含量单位为 μg/kg,其他元素含量单位为 mg/kg)

Cd:浙江省蔬菜 Cd 的平均值 0.029mg/kg,茎菜类蔬菜 Cd 含量最高,均值为 0.059mg/kg,花菜类蔬菜 Cd 含量最低,均值为 0.007mg/kg,根菜类、果菜类和叶菜类蔬菜含量差异不大。

Hg:浙江省蔬菜 Hg 的平均值为 0.010μg/kg,茎菜类蔬菜 Hg 含量最高,均值为 0.921μg/kg,次为叶菜类蔬菜,均值为 0.723μg/kg,根菜类、果菜类和花菜类蔬菜含量差异不大。

As:浙江省蔬菜 As 的平均值为 0.010mg/kg,根菜类和茎菜类蔬菜 As 含量最高,均值分别为 0.014mg/kg 和 0.013mg/kg,花菜类、果菜类和叶菜类蔬菜含量差异不大。

Pb:浙江省蔬菜 Pb 的平均值为 0.041mg/kg,茎菜类蔬菜 Pb 含量最高,均值为 0.068mg/kg,果菜类蔬菜 Pb 含量最低,均值为 0.013mg/kg,根菜类、叶菜类和花菜类蔬菜含量差异不大。

Cr:浙江省蔬菜 Cr 的平均值 0.116mg/kg,根菜类蔬菜 Cr 含量最高,均值为

0.189mg/kg,其他类蔬菜含量差异不大。

Ni:浙江省蔬菜 Ni 的平均值为 0.128mg/kg,叶菜类蔬菜 Ni 含量较低,为 0.087mg/kg,其他各类蔬菜含量差异不大。

Cu:浙江省蔬菜 Cu 的平均值为 0.721mg/kg,茎菜类蔬菜 Cu 含量最高,均值为 1.165mg/kg,次为果菜类蔬菜,均值为 0.723mg/kg,根菜类、花菜类和叶菜类蔬菜含量差异不大。

Zn:浙江省蔬菜 Zn 的平均值为 4.611mg/kg,根菜类蔬菜 Zn 含量最高,均值为 5.976mg/kg,果菜类蔬菜 Zn 含量较低,为 2.507mg/kg,其他各类蔬菜含量差异不大。

综上所述,8 种重金属在茎类蔬菜中的含量高于其他类蔬菜。那么,重金属含量最高的茎类蔬菜在不同区域重金属含量是否有较大差异?

由图 4-8 不同地球化学分区茎菜类蔬菜重金属含量可知,不同分区茎菜类蔬菜重金属含量差异较大。

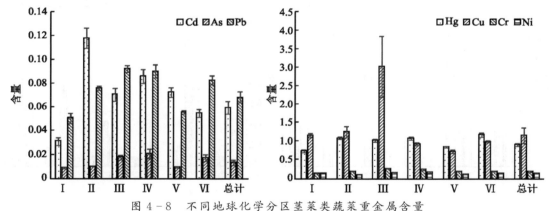

图 4-8　不同地球化学分区茎菜类蔬菜重金属含量
(注:图中 Hg 含量单位为 μg/kg,其他元素含量单位为 mg/kg)

浙西山地丘陵区(Ⅱ)蔬菜 Cd 含量最高,均值为 0.118mg/kg,浙北平原区(Ⅰ)最低,均值为 0.031mg/kg,浙东沿海区含量 0.055mg/kg,也较低,其他各区含量差异不大。

浙中盆地区(Ⅳ)茎菜类蔬菜 As 含量最高,均值为 0.021mg/kg,浙东丘陵盆地区(Ⅲ)和浙东南沿海区(Ⅵ)含量次高,均值为 0.018mg/kg,其他各区含量差异较小,为 0.009~0.010mg/kg。

浙东丘陵盆地区(Ⅲ)和浙中盆地区(Ⅳ)茎菜类蔬菜 Pb 含量最高,均值分别为 0.091mg/kg、0.090mg/kg,浙北平原区(Ⅰ)最低,均值为 0.050mg/kg。

浙东南沿海区(Ⅵ)蔬菜 Hg 含量最高,均值为 1.176μg/kg,浙北平原区和浙南山地区(Ⅴ)最低,分别为 0.0749μg/kg、0.861μg/kg,其他各区差异较小。

总之,浙北平原区(Ⅰ)茎菜类蔬菜 Cd、Hg、As、Pb、Cr、Zn 元素重金属含量最低,与该区土壤中重金属含量普遍较低有关;浙西山地丘陵区(Ⅱ)Cd 含量最高,也与该区土壤中 Cd 含量高有关。土壤中的重金属含量很大程度上影响蔬菜中重金属的含量。

二、农产品健康风险评估

健康风险评估是指有毒有害物质对人体健康安全的影响程度,通过收集毒理学资料、人群流行病学资料、环境和暴露的因素等,直接以健康风险度为表征表示人体健康造成损害的可能性大小及其程度进行概率估计。开展浙江省大宗农产品稻米和蔬菜的重金属风险评估,可为中国今后农产品的重金属污染调查提供科学的评价方式。现阶段中国农产品重金属的风险评估研究主要是根据国家标准来开展,而不是从人体健康的角度来分析问题。国家标准是在不断变化的,如果新的标准出台以后,执行的限量标准有变化,则根据不同标准判定得到的超标率就没有可比性。本书从人体健康的角度出发,直接评价稻米、蔬菜中重金属对人体健康的危害,建立客观且相对稳定的风险评估模式,可盘活浙江省不同批次的农产品重金属污染调查数据。

1. 评估方法

利用本项目区域农产品调查数据结合浙江省居民膳食结构对浙江省稻米、蔬菜的摄入健康风险进行评估,方法如下:

农产品中的重金属摄入健康风险可按下式计算。

$$THQ = \frac{EF_r \times ED \times F_{IR} \times C \times F_p \times F_m}{W_{AB} \times AT_n \times RfD} \times 10^{-3}$$

式中,THQ 为目标风险熵,当 THQ>1 时,表明摄入暴露量大于参考剂量,即有摄入风险;EF_r 为暴露频率,单位为 d/a,采用国际通用做法为 350d/a;ED 为暴露持久性,单位为 a,根据 2014 年浙江省平均寿命 77.73 岁,假定浙江省居民持续暴露时间为 77a;F_{IR} 为人均每日稻米、蔬菜膳食摄入量,单位为 g/(d·人),依据浙江省疾病预防控制中心 2008 年浙江省膳食结构数据库计算(表 4-6);C 为农产品重金属含量,单位为 mg/kg(以鲜重计);F_p 为加工因子,采用国家通用做法,默认为 1(秦普丰等,2010;王旭,2012);F_m 为变异因子,指单位食物中的变异程度,采用国家通用做法,默认为 1(张妍等,2013;段小丽等,2009);W_{AB} 为人均体重,单位为 kg/人,依据 2004 年中国健康与营养调查结果计算得出 3~12 岁儿童人均体重为 24.5kg/人。中国居民青壮年(18~45 岁)的人均体重为 60.3kg/人。中老年居民(大于 45 岁)的人均体重为 59.4kg/人;AT_n 为平均无癌症反应时间,单位为 d,假定平均无癌症反应时间为 77×365d/a,为 28 105d;RfD 表示参考剂量,单位为 mg/kg bw。参考剂量(RfD)是指暴露个人可以长时间持续暴露在这个水平而不受到危害的剂量。本书的每日参考剂量参照表 4-7 计算出的 RfD 值计算。

表 4-6 2008 年浙江省不同年龄组各类食物消费量　　　单位:g/(d·人)

膳食种类	儿童	青壮年	中老年
谷类	209.7	330.8	342.7
蔬菜类	143.1	269.9	279.1

表 4-7 8 种重金属的每日参考剂量 RfD 取值　　　　　单位：mg/(kg bw·d)

元素	关键危害描述	RfD 值
Cd	肾功能失调,蛋白尿,骨骼软化	0.000 83
Hg	发育性的神经毒性	0.000 57
Pb	神经系统障碍	0.003 50
As	皮肤色素沉着,角化病,血管并发症	0.003 00
Cr	Cr^{6+} 慢性中毒	0.008 30
Ni	体重减轻,细胞坏死	0.020 0
Cu	刺激呼吸系统	0.037 0
Zn	红细胞过氧歧化酶减少	0.300 0

2. 稻米/蔬菜重金属摄入风险

图 4-9 为浙江省稻米、蔬菜重金属摄入目标风险熵,从图中可以看出,稻米的重金属摄入目标风险熵明显大于蔬菜,就不同人群的目标风险熵而言,儿童大于中老年大于青壮年。

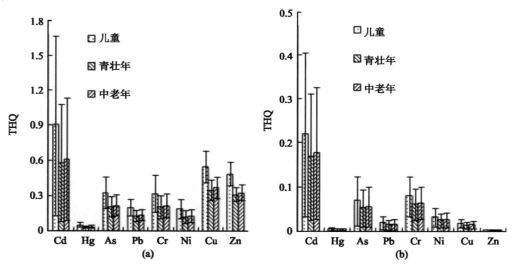

图 4-9 不同人群稻米(a)、蔬菜(b)重金属目标摄入风险熵

稻米重金属 Cd 的摄入目标风险熵最大,最大值达到 1.170,儿童、青壮年和中老年均值分别达到 0.90、0.58、0.61,浙江省稻米重金属 Cd 摄入风险,特别是儿童的摄入风险令人堪忧。其他重金属摄入风险都较小,稻米重金属摄入目标风险熵大小排序为 Cd>Cr>Pb>Ni>Cu>As>Zn>Hg。

蔬菜重金属 Cd 的摄入目标风险熵较其他重金属高,儿童、青壮年和中老年均值分别为 0.22、0.17、0.18,蔬菜重金属目标风险熵大小排序为 Cd>Cr>Pb=Ni>As>Hg=Cu=Zn,其中 Hg、Cu、Zn 无摄入风险。

表 4-8 为重金属摄入风险(THQ>1)的概率,从表中可以看出,针对不同人群的重金属摄入风险,儿童大于中老年大于青壮年,如儿童稻米 Cd 的摄入风险为 30.26%,分别是中老年和青壮年的 1.53 倍和 1.59 倍;儿童蔬菜 Cd 的摄入风险概率为 3.04%,分别为中老年和青壮年的 2.09 倍和 2.56 倍。其他重金属这种规律更加明显,儿童稻米 Cr 的摄入风险分别达到中老年和青壮年的 10 倍和 4 倍,Cu、Zn 只有儿童有摄入风险,其他人群无摄入风险。

表 4-8 浙江省不同人群稻米、蔬菜重金属摄入风险概率　　单位:%

人群	农产品种类	Cd	Hg	As	Pb	Cr	Ni	Cu	Zn
儿童	稻米	30.26	0.00	0.33	0.87	2.17	0.54	1.08	0.11
	蔬菜	3.04	0.00	0.13	0.13	0.00	0.13	0.00	0.00
青壮年	稻米	18.98	0.00	0.11	0.33	0.22	0.33	0.00	0.00
	蔬菜	1.19	0.00	0.13	0.13	0.00	0.13	0.00	0.00
中老年	稻米	19.74	0.00	0.11	0.33	0.54	0.33	0.00	0.00
	蔬菜	1.45	0.00	0.13	0.13	0.00	0.13	0.00	0.00

当 THQ≤1 时,认为无摄入健康风险,所以以 THQ=1 推导稻米、蔬菜限量值,推导的浙江省稻米、蔬菜中重金属限量值见表 4-9。

表 4-9 稻米、蔬菜重金属限量值

	元素	Cd	Hg	As	Pb	Cr	Ni	Cu	Zn
稻米	限量值	0.15	0.02	0.5	0.25	1.5	3	6	50
	国家限量标准	0.2	0.02	0.5	0.2	—			
蔬菜	限量值	0.15	0.018	0.54	0.3	1.5	5	8	60
	国家限量标准	0.05、0.1、0.2	0.01	0.5	0.1、0.2、0.3				

由表 4-9 可以看出,本书依据浙江省膳食摄入风险推导的稻米、蔬菜重金属限量值与《食品安全国家标准》(GB 2762—2017)相比:稻米 Cd 限量值偏严,与浙江省居民稻米膳食摄入高于全国平均水平有关,其他元素与国家标准基本一致。

第五章　土壤重金属生态风险评价及标准研制

本书通过研究重金属在土壤-作物系统的迁移富集规律及其影响因素,利用经验模型建立土壤重金属迁移模型,将农产品重金属限量值带入迁移模型推导土壤重金属限量值方程。在此基础上建立生态风险评价方法,开展浙江省土壤生态风险评价。为方便应用,利用面积性调查大数据,并将 pH 值分段进行统计分析得出浙江省土壤环境标准建议值。

第一节　影响农产品重金属累积的土壤环境因素研究

一、不同品种农产品对重金属累积的规律

1. 不同水稻品种对重金属累积规律

利用盆栽试验对秀水 134、嘉禾 218、甬优 538 和春优 84 共 4 个水稻品种的重金属累积进行研究。图 5-1 为 4 个水稻品种籽实重金属富集系数平均值(水稻不同部位重金属含量/土壤重金属含量)比较。

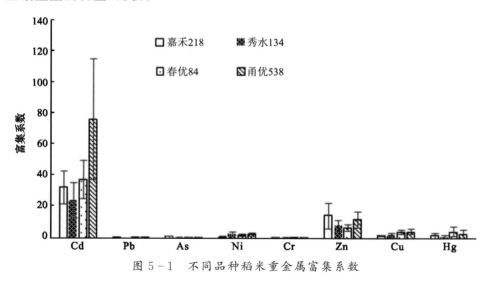

图 5-1　不同品种稻米重金属富集系数

从图 5-1 中可以看出,不同品种水稻籽实对 8 种重金属累积程度各不相同。就不同重金属而言,Cd 在水稻籽实中累积程度最高,其次为 Zn、Cu。Cr、As、Ni 富集系数最低。

就不同品种而言,甬优538对Cd的富集系数最高,最低的为秀水134。Cu富集系数的最高水稻品种为甬优538,最低的为嘉禾218。其他6种重金属元素Zn、Pb、As、Ni、Cr、Hg的富集系数差异均未达到显著水平。

2. 不同品种蔬菜对重金属累积规律

不同品种蔬菜对重金属的富集系数见图5-2。

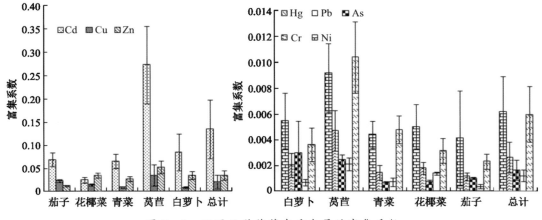

图5-2 不同品种蔬菜中重金属的富集系数

从图5-2中可以看出,在所有蔬菜种类中,茎菜类蔬菜莴苣对重金属的富集能力最强,其对Cd、Hg、Pb、Cr、Ni、Cu、Zn的富集系数均高于其他蔬菜,特别是对Cd的富集系数为叶菜类蔬菜的4~10倍;总体而言,蔬菜对Cd的富集能力最强,均值达到0.14,其次是Zn、Cu分别为0.02和0.04,其他元素的富集系数都较小。相对于水稻而言,蔬菜对重金属元素的富集系数整体较小。

不同品种稻米、蔬菜重金属累积规律的研究可以为本研究野外调查采样品种的选择提供依据。野外调查选择重金属累积最强的品种,以此为依据可保障其他品种的安全,野外调查优选的水稻品种为甬优538,蔬菜品种为莴苣。

二、重金属在土壤−水稻、蔬菜中迁移富集规律

1. 重金属在水稻植株中的迁移富集规律

水稻植株中重金属含量从根、茎、叶到果实、籽实逐渐降低(图5-3),并且随着土壤重金属含量的增加,其富集能力随之下降。但是不同种类、不同品种农作物对不同类型重金属的吸收和迁移特征不尽相同。尽管如此,重金属在农作物植株各部位中的含量基本达到了显著相关,稻根中Cd含量与稻茎、稻叶、稻米中Cd含量达到极显著相关,但是相关系数逐渐减小,依次为0.922、0.879和0.841($p<0.05$)(图5-4),也就是说稻根Cu含量与稻茎、稻叶以及稻米的相关性依次减小。

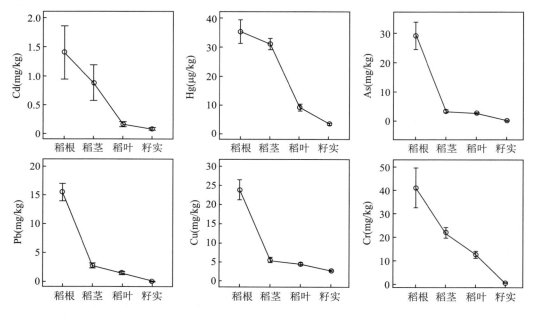

图 5-3　水稻植株中重金属含量变化

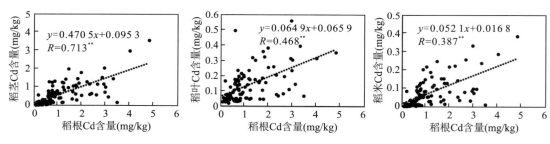

图 5-4　稻根 Cd 含量与稻叶、稻茎、稻米 Cd 含量散点图

（注：** 为 $p<0.01$；* 为 $p<0.05$，下同）

2. 重金属在土壤—稻米、蔬菜中的富集规律

由图 5-5 可以看出，土壤 Cd 全量与水稻根—茎—叶—籽实均呈显著或极显著相关，表明水稻各部位吸收的重金属主要源自土壤，并且重金属在土壤—水稻系统的迁移过程中的各个环节是显著相关的。在此基础上，可继续开展土壤—水稻系统中的迁移过程的研究。

重金属在水稻植株中的迁移富集规律的研究表明水稻籽实中的重金属是由水稻根系—水稻茎（叶）迁移而来，而根系中重金属由土壤中吸收，这一研究为建立重金属在土壤—水稻籽实中重金属迁移富集模型提供了科学依据。

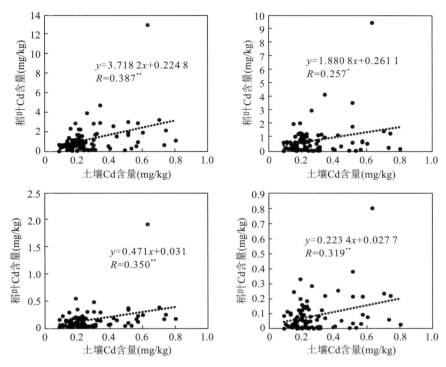

图 5-5 土壤 Cd 含量与稻根、稻茎、稻叶、稻米 Cd 含量散点图

三、土壤—植物系统重金属迁移转化的影响因素研究

1. 土壤理化性质对水稻、蔬菜中重金属累积的影响

由表 5-1、表 5-2 可知,利用大田野外调查数据统计稻米、蔬菜中重金属富集与土壤 pH 值、有机质、阳离子交换量和黏粒含量呈一定的相关关系。

表 5-1 稻米对重金属元素的富集因子与土壤理化性状的相关系数

理化性状	Cd	Hg	Pb	As	Cr	Ni	Cu	Zn
土壤 pH 值	−0.405**	−0.149**	−0.03	−0.263**	−0.212**	−0.306**	−0.302**	−0.464**
有机质	−0.339**	−0.516**	−0.189**	−0.235**	−0.258**	−0.313**	−0.480**	−0.449**
阳离子交换量	−0.506**	−0.322**	−0.165**	−0.486**	−0.414**	−0.462**	−0.601**	−0.637**
黏粒	0.099*	0.343**	0.02	−0.244*	−0.077*	−0.023	−0.039	−0.03

稻米对 Cd 的富集与土壤 pH 值、有机质、阳离子交换量呈显著负相关,且相关性较强;与土壤黏粒含量呈正相关,相关性较弱。蔬菜对 Cd 的富集与土壤 pH 值、有机质呈显著负相关,相关性较强;与阳离子交换量呈负相关,相关性较强。

表 5-2　莴苣对重金属元素的富集因子与土壤理化性状的相关系数

理化性状	Cd	Hg	Pb	As	Cr	Ni	Cu	Zn
土壤 pH 值	−0.425**	0.171**	0.292**	0.052	−0.093	−0.492**	0.004	−0.511**
有机质	−0.237**	−0.339**	−0.326**	−0.072	−0.180**	−0.131*	−0.044	0.000
阳离子交换量	−0.267*	−0.203	0.114	−0.230*	−0.469**	−0.493**	−0.053	−0.428**

将稻米、蔬菜中的 Cd 含量、土壤 pH 值数据进行偏相关拟合分析（图 5-6），发现稻米、蔬菜中 Cd 含量与土壤中 Cd 含量在一定范围内呈负相关，与土壤 pH 值在一定范围内呈正相关关系。

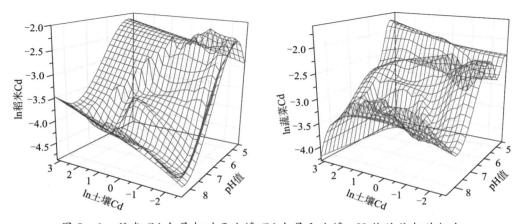

图 5-6　稻米 Cd 含量相对于土壤 Cd 含量和土壤 pH 值的偏相关拟合

为了更加清楚地显示 Cd 的迁移富集与有机质、阳离子交换量的关系，将土壤中 Cd 进行分组，组数为 $n^{1/2}+1$，组距为极差值/组数，对各组数据进行平均化处理，即分别计算分组后每一组土壤有机质、土壤阳离子交换量平均值与稻米、蔬菜 Cd 富集系数均值的关系（图 5-7、图 5-8）。

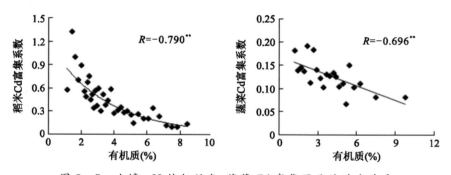

图 5-7　土壤 pH 值与稻米、蔬菜 Cd 富集因子的对应关系

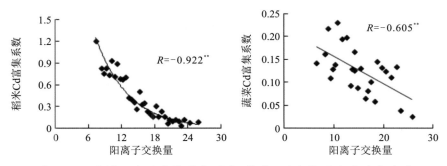

图 5-8 土壤阳离子交换量与稻米、蔬菜 Cd 富集因子的对应关系

从图 5-7、图 5-8 中可以看出,分段后的数据关系更加明显,稻米、蔬菜对 Cd 的富集与土壤有机质、土壤阳离子交换量呈极显著负相关关系,相关性极强。

2. 土壤重金属形态的关系对水稻、蔬菜中重金属累积的影响

农产品重金属含量与土壤重金属形态关系密切。从总体上看,稻米、蔬菜中重金属含量主要与土壤重金属有效态(水溶态、离子交换态、碳酸盐结合态之和)相关,与铁锰氧化态、强有机态、残渣态无关(表 5-3、表 5-4)。

表 5-3 稻米重金属含量与土壤重金属形态的相关系数

元素	n	水溶态	离子交换态	碳酸盐结合态	有效态	腐殖酸态	铁锰氧化态	强有机态	残渣态
Cd	275	0.227**	0.171**	0.062	0.169**	0.025	0.060	0.047	0.221
Hg	224	0.112	0.199**	0.029	0.107	0.075	0.001	0.402	0.411
As	342	0.022	0.091	0.090	0.096	0.041	0.047	0.098	0.070
Pb	235	0.190**	0.034	0.082	0.010	0.009	0.107	0.023	0.008
Cr	46	0.123	0.061	0.081	0.076	0.115	0.096	0.048	0.087
Ni	233	0.234**	0.234**	0.007	0.204**	0.350**	0.092	0.134	0.180
Cu	328	0.256**	0.032	0.138*	0.118*	0.211**	0.254	0.168	0.131
Zn	47	0.326*	0.116	0.086	0.125	0.211	0.271	0.292	0.368

通过对重金属在土壤—稻米、蔬菜中的迁移富集规律的研究,发现稻米、蔬菜对重金属的富集与土壤重金属全量、土壤 pH 值、土壤有机质、土壤阳离子交换量有关,与土壤中重金属的形态也有关系。重金属迁移规律研究为建立迁移模型奠定了基础。

表 5-4 蔬菜重金属含量与土壤重金属形态的相关系数

元素	水溶态	离子交换态	碳酸盐结合态	有效态	腐殖酸态	铁锰氧化态	强有机态	残渣态
Cd	0.068	0.252**	0.255**	0.283**	0.151	0.304	0.331	0.233
Hg	0.003	−0.108	−0.253**	−0.115	0.043	0.167	−0.048	−0.013
As	0.007	−0.044	0.024	0.007	−0.030	0.011	0.064	−0.017
Pb	0.003	0.123	0.139	0.151	0.134	0.085	0.016	−0.138
Cr	0.136	0.116	0.141	0.194*	−0.173	0.012	0.053	0.121
Ni	0.506**	0.656**	0.404**	0.618**	0.290**	0.385	0.363	0.348
Cu	0.098	0.055	0.041	0.055	0.027	0.106	0.025	0.314
Zn	0.511**	0.435**	0.051	0.243*	0.058	0.035	0.236	0.236

第二节 土壤重金属生态风险评价及分类管控

土壤是生态系统的有机组成部分，是人类赖以生存和发展的基础。由于人类活动影响，耕地土壤受到重金属污染威胁。耕地土壤是农业生产的重要载体，其质量状况将直接影响农业可持续发展，并通过食物链途径对人体健康产生危害。因此，加强耕地土壤生态风险评价工作，将为土壤环境风险管理、决策提供重要的科学依据。

一、迁移模型建立及验证方法

1. 模型建立方法

植物对土壤中重金属的吸收是一个非线性的过程，许多土壤和植物因子都影响土壤中 Cd 等重金属的生物有效性。重金属从土壤到植物的转移过程可以使用数学模型来模拟。数学模型分两种：经验模型和机理模型。

经验模型不考虑实际的吸收过程，而通过统计分析结果建立。这种模型因为缺乏理论依据，可能依赖于某个研究区，因此，可能存在模型稳定性和普适性较差的问题。

机理模型考虑了土壤中和植物中各种复杂的物理和化学过程及影响因素，使用了许多种土壤和生物参数，而这些土壤和植物参数测定具有相当的难度。如 Barber-Cushman 模型就是这方面的典型，它同时考虑了土壤、植物因素和作物吸收过程，并编制了计算机上程序 UPTAKE。但该模型所需参数较多，测定工作量大，计算较复杂；吴启堂 (1994) 在此基础上从土壤缓冲容量的角度进行了简化形成 WUPTAKE 模型。但总体上看，这些模型基本上停留在实验室阶段，并使用盆栽实验结果进行分析和验证，而在大面积的大田作物研究中，各地土壤条件差异大，影响重金属生物有效性的因素各不相同，这些机理模型所使用的输入参数也不是生态地球化学填图涉及的常规土壤理化性质指标。因此,目前的机理模型不太适合应用于农田。

因此,结合两者特点,既考虑理论过程,又有经验成分的半经验模型是比较好的选择。半经验模型的建立,可以为农田土壤评价建立良好的依据。

1)Freundlich 模型

在已发表的文献中,Freundlich 模型被一些学者实际用来预测和评价植物对土壤中重金属的吸收。该模型推导可假定重金属从土壤到植物的转移符合线性、饱和或者 Langmuir 吸附模型的其中一种。首先,植物对土壤重金属吸收不会是线性的,进入土壤中的重金属也不会总是以盐的形式存在,可以先排除线性模型;植物吸收经常在高含量土壤中效率降低,因此描述重金属从固相进入土壤溶液的离子解吸过程使用 Freundlich 公式,描述其饱和吸附模型如下。

$$C_{\text{solution}} = b \times C_{\text{soil}}^{a} \tag{5-1}$$

式中,C_{solution} 为土壤溶液中的重金属含量;C_{soil} 为土壤中固相含量;a 和 b 为 Freundlich 经验系数。同样假定,植物从土壤溶液中吸收重金属的过程是可以同样用 Freundlich 模型描述,即

$$C_{\text{plant}} = b \times C_{\text{soil}}^{a} \tag{5-2}$$

C_{solution} 表示植物中重金属含量,对上式取对数进行线性化,即得

$$\ln C_{\text{plant}} = a \times \ln C_{\text{soil}} + \ln b \tag{5-3}$$

Kubio 使用盆栽实验,人工添加重金属污染物,控制好天气环境等生长环境因素,证明多种植物对添加污染物都符合该模型。但遗憾的是,该模型对现有根系土和水稻观测数据很不理想。它的缺陷之一在于仅仅使用了一个土壤参数——土壤重金属总量,在大田中还有许多其他重要因子没有被考虑,如 pH 值等因素对作物吸收影响很明显,该模型没有考虑。而由于 Kubio 的盆栽模型使用土壤的理化性质和作物类型等因子都是固定的,才能在室验条件下得到了满意的结果。而实际野外大田情况下每个土壤参数都在变化,需要筛选其中重要因子加入模型。

2)McBride 模型

McBride 分析了各种影响因素后筛选了 3 个因子:土壤 pH 值、有机碳含量和金属元素总量,在 Freundlich 模型的基础上前进了一步,McBride 半经验模型形式如下。

$$\ln C_{\text{crop}} = \beta + \beta_1 \ln C_{\text{soil}} + \beta_2 \text{pH} + \beta_3 \ln \text{OM} \tag{5-4}$$

式中:β、β_1、β_2、β_3 均为系数;C_{crop} 与 C_{soil} 分别为稻米(蔬菜)与土壤中重金属的浓度(mg/kg,干重);pH 为土壤 pH 值;OM 为土壤有机质含量(g/kg)。李法云等(2004)分别收集了野外种植的萝卜和玉米中 Cd 和 Zn 吸收数据对 McBride 模型进行了验证。结果表明,虽然模型中各参数的系数因土壤类型、气候和作物种类而不同,但该模型能够很好地评价和预测作物对土壤重金属 Cd 和 Zn 的吸收。因此,本书以该模型的形式为基础,建立土

壤参数与大田作物重金属含量的函数关系,并利用 McBride 模型建立稻米(蔬菜)与土壤重金属有效态模型如下。

$$\ln C_{crop} = \beta + \beta_1 \ln C_{soil\,有效态} \tag{5-5}$$

式中：$C_{soil\,有效态}$ 为土壤重金属有效态含量(mg/kg,干重)。

2. 模型验证方法

为了评估预测误差,利用 1/10 验证样本计算了预测值和实测值,利用配对样本 T 检验预测值和实测值的差异性,并计算差值 d 和均方根误差 RMSE。

$$d = 预测\,\ln C_{crop} - 实测\,\ln C_{crop} \tag{5-6}$$

$$\mathrm{RMSE} = \sqrt{\frac{\Sigma(预测\,\ln C_{crop} - 实测\,\ln C_{crop})^2}{n}} \tag{5-7}$$

对 d 值利用 K-S 方法进行正态分布检验,如 d 符合正态分布,说明预测效果较好；均方根误差值越小也说明预测效果越好。

二、水稻 Cd 吸收模型及检验

1. 稻米 Cd-土壤 Cd 全量吸收模型及检验

稻米 Cd-土壤 Cd 建模样本 1 146 件,模型验证和误差分析样本 127 件,回归分析建立的方程为 $\ln Cd_{rice} = 0.762\,\ln Cd_{soil} - 0.829 \times pH - 0.878 \times \ln OM + 4.015$。

回归方程使用 F 检验:$F = 195.973$,$P = 0.000$,$R^2 = 0.413$,该方程通过在 0.01 水平下的显著性检验。使用 127 件样本对方程进行误差分析。预测值和实测值散点关系如图 5-9 所示。从图中可以看出,实测值和预测值的散点较均匀的分布于 $y = x$ 线两侧,说明实测值和预测值比较接近。

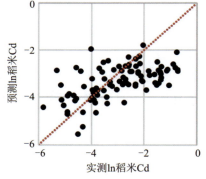

图 5-9 稻米 Cd 预测值和实测值对比图

为了评估预测误差,利用 127 件验证样本计算了预测值和实测值,利用配对样本 T 检验,检验实测值和预测值的差异性。检验结果显示,预测值和实测值相关系数 $F = 0.501$,$P = 0.000$ 显著相关,且双尾检验概率 $P = 0.489 > 0.05$,认为两者无显著性差异。实测值和预测值的均方根误差 RMSE = 1.010。

由实测值和预测值含量箱图(图 5-10)可知,与实测值比较,预测值含量区间较小,25 分位数较大,但 50 分位数和 75 分位数较接近于实测值。

预测值和实测值均方根误差 RMSE = 1.101,对实测值和预测值的差值 d_{Cd} 利用 K-S 方法进行正态分布检验,结果显示 d 值在 0.001 水平下符合均值 0.077、标准差为 1.13 的正态分布。d_{Cd} 值的直方图见图 5-10。

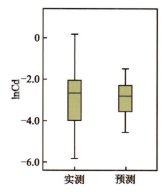
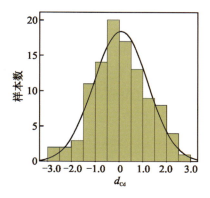

图 5-10 稻米 Cd 实测值和预测值含量箱图比较(左)、稻米预测误差 d_{Cd} 值的分布直方图(右)

2. 稻米 Cd-土壤 Cd 有效态吸收模型及检验

本研究土壤有效态采用两种方法获得,并比较两类方法的优劣。

方法一:根据中国地质调查局《生态地球化学评价样品分析技术要求(试行)》(DD 2005—03)重金属形态七步提取法,具体操作步骤见相关规范。该方法是在 Tessier 五步提取法的基础上进行改进形成的,所以可利用以下方法计算重金属的有效态:有效态=水溶态+离子交换态。

方法二:直接参照 BCR 法(Fernández et al,2004)提取醋酸提取态作为重金属的有效态,方法如下:称 1.00g 过 0.25mm 筛的土壤样品于 100mL 离心管内,按 1∶40 固液比加入 0.11mol/L 的醋酸(CH_3COOH),把管口塞紧密封。然后放到往复振荡机上振荡 16 小时。离心分离,并收集醋酸提取液于塑料瓶中,ICP-MS 测定其中的重金属含量。

方法一取得的稻米 Cd-土壤 Cd 有效态建模样本 223 件,模型验证和误差分析样本 57 件,回归分析建立的方程为 $lnCd_{rice} = -1.657 + 0.273 lnCd_{有效态}$ 回归方程使用 F 检验,$F = 15.001$,$P = 0.000$,该方程通过在 0.001 水平下的显著性检验。使用 57 件样本对方程进行误差分析。预测值和实测值散点关系如图 5-11 所示。从散点图可知,预测值与实测值没有分布于 1∶1 线两侧,预测效果不佳。

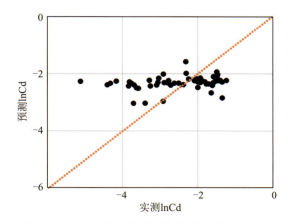

图 5-11 稻米 Cd 预测值和实测值对比图

利用配对样本 T 检验,检验实测值和预测值的差异性。检验结果显示,预测值和实测值无相关关系($P=0.061>0.05$),双尾检验概率 $P=0.075>0.05$,认为两者差异不是非常大,若取显著性概率为 92.5,则两者存在差异。

预测值和实测值均方根误差 RMSE＝0.925,由实测值和预测值含量箱图(图 5－12)可知,与实测值比较,预测值含量区间较小,50 分位数较接近,但 25、75 分位数含量与实测值差异较大。

计算预测值和实测值差值,对 d_{Cd} 值利用 K－S 方法进行正态分布检验,结果显示 d 值在 0.001 水平下符合均值 0.226,标准差为 0.92 的正态分布(显著性 $P＝0.196$)。但从 d_{Cd} 值的直方图(图 5－12)可以看出,其分布频率与正态分布线吻合度不高。

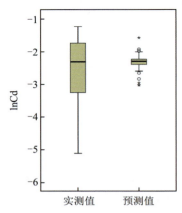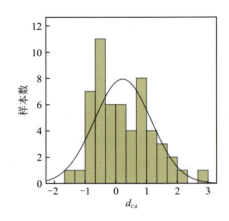

图 5－12　稻米 Cd 实测值和预测值含量箱图(左)、稻米预测误差 d_{Cd} 值的分布直方图(右)

方法二取得的稻米 Cd－土壤 Cd 有效态建模样本 231 件,模型验证和误差分析样本 41 件,回归分析未能建立方程。

比较利用土壤 Cd 全量和土壤 Cd 有效态两种方法建立稻米 Cd 的吸收模型发现,利用土壤 Cd 全量、土壤 pH 值、土壤有机质建立的模型明显优于利用土壤 Cd 有效态建立的模型。主要有两方面的原因:①现阶段土壤重金属形态(有效态)的提取的测试分析技术与土壤全量相比存在差距。②土壤 Cd 的各种赋存形态在复杂的土壤中处于某种平衡状态。不论是七步连续提取法还是弱酸单步提取法都只能反映瞬时的土壤有效态的含量,但是植物对重金属的吸收是个漫长的过程,它贯穿植物的整个生长周期,即各赋存形态间平衡不断被打破和重建的过程。瞬时的土壤重金属有效态不能反应水稻整个生长周期的有效态含量。

三、其他重金属元素水稻吸收模型及检验

1. 其他重金属吸收模型

与 Cd 的吸收模型建立方法一致,建立了稻米 As、Cu、Zn、Ni 与土壤重金属全量的吸收模型,Pb、Cr 两个元素未建立回归方程。建立的回归方程分别如下。

$$\ln Hg_{rice} = 0.250\ln Hg_{soil} - 0.080 pH - 0.244\ln OM + 2.468$$
$$(F=43.839, P=0.000, R^2=0.144)$$
$$\ln As_{rice} = 0.219\ln As_{soil} + 0.073 pH - 0.584\ln OM - 2.063$$
$$(F=13.215, P=0.000, R^2=0.048)$$
$$\ln Cu_{rice} = 0.315\ln Cu_{soil} - 0.157\ln OM + 0.221$$
$$(F=36.334, P=0.000, R^2=0.085)$$
$$\ln Zn_{rice} = 0.134\ln Zn_{soil} - 0.136 pH - 0.082\ln OM + 3.330$$
$$(F=137.396, P=0.000, R^2=0.344)$$
$$\ln Ni_{rice} = 0.118\ln Ni_{soil} - 0.166 pH - 0.360\ln OM - 0.031$$
$$(F=30.526, P=0.000, R^2=0.102)$$

比较 Cd、Hg、As、Cu、Zn、Ni 几个预测方程，几个预测方程均通过在 0.001 水平下的显著性检验，但是 Cd 的预测方程相关性最强，其次是 Zn、Cu、As 的预测方程相关性最差。

四、蔬菜吸收模型及检验

与稻米 Cd 的吸收模型建立方法一致，建立了蔬菜 Cd、As、Pb、Cu、Zn、Ni 与土壤重金属全量的吸收模型，Hg、Cr 两个元素未建立回归方程。建立的回归方程分别如下。

$$\ln Cd_{vegetable} = 0.763\ln Cd_{soil} - 0.347 pH - 0.219\ln OM - 0.621$$
$$(F=53.481, P=0.000, R^2=0.201)$$
$$\ln As_{vegetable} = 0.267\ln As_{soil} + 0.120 pH - 3.239$$
$$(F=11.731, P=0.000, R^2=0.036)$$
$$\ln Pb_{vegetable} = 0.519\ln Pb_{soil} - 5.266 - 0.131 pH + 0.35\ln OM$$
$$(F=14.240, P=0.000, R^2=0.063)$$
$$\ln Cu_{vegetable} = 0.412\ln Cu_{soil} - 1.004 + 0.158\ln OM$$
$$(F=23.285, P=0.000, R^2=0.068)$$
$$\ln Zn_{vegetable} = 0.385\ln Zn_{soil} - 0.219 pH - 0.168\ln OM + 2.238$$
$$(F=60.686, P=0.000, R^2=0.223)$$
$$\ln Ni_{vegetable} = 0.537\ln Ni_{soil} - 1.001 - 0.210 pH$$
$$(F=140.334, P=0.000, R^2=0.306)$$

比较 Cd、As、Cu、Zn、Ni 几个预测方程，几个预测方程均通过在 0.001 水平下的显著性检验，但是 Cd、Ni 和 Zn 的预测方程相关性较强，Cu、As、Pb 的预测方程相关性较差。

五、生态风险评价及分类管控

1. 评价方法

本书综合考虑土壤环境地球化学等级和农产品重金属超标风险，制定出土壤重金属生态风险评价方法。

土壤环境等级如表5-5所示。

表5-5 土壤环境地球化学等级

等级	一等	二等	三等
划分方法	$C_i \leq S_i$	$S_i < C_i \leq G_i$	$C_i > G_i$

注：C_i为土壤中i指标的实测浓度；S_i、G_i分别为筛选值和管理值[《土壤环境质量农用地土壤污染风险管理标准》(GB 15168—2018)]。

结合稻米安全评价结果开展生态风险评价,评价方法见表5-6。由于农产品安全调查成本高,且因为样品采集周期等原因,调查难度大。所以在以往土地质量地质调查中并非每个土壤样点或者每个图斑都对应有农产品样品。本书通过稻米重金属预测方程和土壤重金属含量等参数预测稻米重金属含量。稻米安全评价,依据《食品安全国家标准》(GB 2762—2017)进行稻米安全评价。

表5-6 生态风险评价方法

稻米安全评价	土壤地球化学等级		
	一等	二等	三等
未超标	无风险	无风险	风险可控
超标	风险可控	高风险	高风险

2. 浙江省耕地生态风险评价

将浙江省1:25万多目标区域地球化学调查数据叠加到浙江省耕地图斑上,对同一图斑数据取平均值后为其赋值。导出图斑属性数据开展稻米安全评价和生态风险评价。

浙江省耕地生态风险评价结果如图5-13所示,浙江省耕地重金属生态风险总体较低,其中无风险耕地面积2430万亩,占调查区耕地总面积的89.0%;风险可控耕地面积268万亩,占调查区耕地总面积的9.8%;高风险耕地面积33万亩,占调查区耕地总面积的1.2%。

高风险耕地主要分布在西部的安吉、淳安、桐庐一带和浙北的海宁以及浙中盆地的永康。西部主要受高地质背景影响,北部和中部主要受人为活动影响。

3. 分类管控建议

利用耕地生态风险评价结果开展土壤分类管控,土壤分类管控方法如表5-7所示,将无风险耕地划为优先保护类,风险可控耕地划为安全利用类,高风险耕地划为严格管控类。

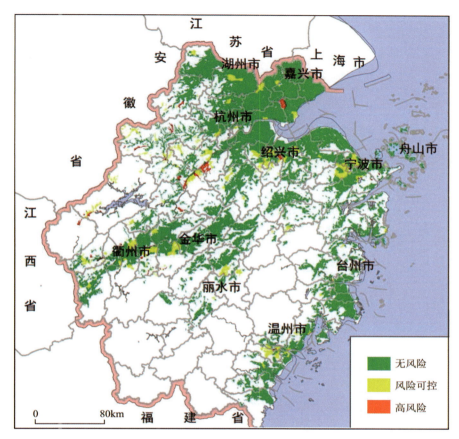

图 5-13　浙江省耕地重金属生态风险评价图

表 5-7　耕地分类管控方法

生态风险评价	无风险	风险可控	高风险
分类管控	优先保护	安全利用	严格管控

第三节　浙江省耕地土壤环境标准建议值研究

一、土壤重金属限量值推导

本研究依据《食品安全国家标准　食品中污染物限量》(GB 2762—2017),将大米、蔬菜中 Cd、As 含量最高限值代入回归方程,得到土壤重金属的限量值,由于未对稻米、蔬菜中 Cu、Zn、Ni 做限量要求,本书利用浙江省膳食摄入量和大田调查稻米、蔬菜中重金属的含量计算稻米、蔬菜的摄入风险,从而推导稻米、蔬菜中 Cu、Zn、Ni 的限量值。最终用于推导土壤重金属限量值的稻米、蔬菜的重金属限量值见表 5-8。

表 5-8 稻米、蔬菜重金属限量值   单位:mg/kg

元素	Cd	Hg	As	Pb	Cr	Ni	Cu	Zn
稻米限量值	0.2	0.02	0.5	0.2	1.0	3	6	50
蔬菜限量值	0.1	0.01	0.5	0.3	0.5	5	8	60
依据	《食品安全国家标准　食品中污染物限量》(GB 2762—2017)					摄入健康风险		

将表 5-8 中稻米、蔬菜重金属限量值代入重金属迁移方程,推导的稻田、菜地土壤重金属限量值方程见表 5-9。

表 5-9 土壤重金属限量值方程

类型	元素	限量值方程
稻田土壤	Cd	$Cd_{soil} = EXP(-7.381 + 1.088pH + 1.152\ln(OM))$
	Hg	$Hg_{soil} = EXP(1.759 + 0.267pH + 0.813\ln(OM))$
	As	$As_{soil} = EXP(6.255 - 0.333pH + 0.521\ln(OM))$
	Cu	$Cu_{soil} = EXP(4.142 + 0.311\ln(OM))$
	Zn	$Zn_{soil} = EXP(4.343 + 1.015pH + 0.612\ln(OM))$
	Ni	$Ni_{soil} = EXP(2.650 + 0.522pH + 1.131\ln(OM))$
菜地土壤	Cd	$Cd_{soil} = EXP(-2.204 + 0.455pH + 0.287\ln(OM))$
	As	$As_{soil} = EXP(33.209 - 0.719pH)$
	Pb	$Pb_{soil} = EXP(7.827 + 0.252pH - 0.674\ln(OM))$
	Cu	$Cu_{soil} = EXP(19.262 - 0.745\ln(OM))$
	Zn	$Zn_{soil} = EXP(13.278 + 1.184pH - 0.908\ln(OM))$
	Ni	$Ni_{soil} = EXP(9.562 + 1.502pH)$

因推导出的土壤重金属限量值实际上是一组随着土壤 pH 值和有机质含量改变而变化的变量方程,并非唯一值,在实际应用中有诸多不便。故而,本书利用土壤重金属限量值统计分析得出土壤环境标准建议值,该建议值可有效指导浙江省粮食、蔬菜的安全生产。

一、非高背景区土壤环境标准建议值

根据大田土壤调查取得的稻米和蔬菜土壤 pH 值、有机质数据,结合土壤限量值预测模型,可得到不同 pH 值范围、不同有机质含量范围的土壤重金属限量值。根据前面的研究,讨论浙江省土壤的实际情况,pH 值分成 4 段(pH≤5.5、5.5＜pH≤6.5、6.5＜pH≤

7.5、pH>7.5)。有机质分段依据《土地质量地球化学评价规范》(DZ/T 0295—2010)将有机质按丰缺标准分成缺乏(≤2%)、适中(2%~4%)和丰富 3 级(≥4%)。考虑到 pH 值 4 段与有机质 3 级组合后,得出的土壤重金属限量值分成 12 段,每段的差异较小,而且会给实际应用带来很多困难,故而在统计土壤重金属限量值时只根据土壤 pH 值或者有机质分级进行统计分析。通过对数据的累积频率统计,将数据 5% 累频所得值作为土壤环境标准建议值,可认为土壤中重金属的浓度达到该水平时能保障 95% 的稻米(蔬菜)安全。

1. 土壤 Cd 环境质量建议值

收集近年来浙江省开展的土地质量地质调查数据,将土壤 pH 值和有机质分析指标代入土壤 Cd 限量值方程,计算土壤 Cd 临界值,共获得稻田土壤 Cd 限量值数据 8 652 个,将数据按 pH≤5.5、5.5<pH≤6.5、6.5<pH≤7.5、pH>7.5 分成 4 段,由于每个分段的数据量较大,近似服从正态分布。正态分布公式如下。

$$f(x,\mu,\sigma)=\frac{1}{\sigma\sqrt{2\pi}}e^{-(x-\mu)^2/2\sigma^2}$$

可知,在平均值 μ 和标准差 σ 已知的情况下,便可求得正态分布曲线。利用分段数据分别绘制 Cd 限量值正态分布图,计算累积频率为 5% 的 Cd 含量即为该段土壤 Cd 环境质量建议值,为了方便应用,土壤 Cd 环境质量筛选值尽量取整(图 5-14)。

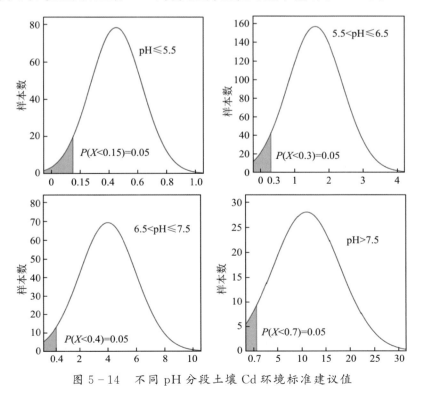

图 5-14 不同 pH 分段土壤 Cd 环境标准建议值

按 pH≤5.5、5.5＜pH≤6.5、6.5＜pH≤7.5、pH＞7.5 分成 4 段，土壤 Cd 环境筛选值分别为 0.15mg/kg、0.3mg/kg、0.4mg/kg 和 0.7mg/kg。

2. 稻田土壤环境标准指导值

其他元素环境标准指导值的推导方法类似，稻田土壤、菜地土壤各元素环境标准建议值如表 5-10、表 5-11 所示。

表 5-10 稻田土壤各元素环境标准建议值

污染物	pH≤5.5	5.5＜pH≤6.5	6.5＜pH≤7.5	pH＞7.5
Cd(mg/kg)	0.15	0.30	0.40	0.70
Hg(mg/kg)	0.90	1.30	1.50	2.20
As(mg/kg)	90	75	45	20
Zn(mg/kg)	200	260	350	550
Ni(mg/kg)	140	240	380	750
	有机质≤20	20＜有机质≤40		有机质＞40
Cu(mg/kg)	60	80		95

表 5-11 菜地土壤各元素环境标准建议值

污染物	pH≤5.5	5.5＜pH≤6.5	6.5＜pH≤7.5	pH＞7.5
Cd(mg/kg)	0.5	0.8	1	1.3
As(mg/kg)	430	355	285	245
Pb(mg/kg)	150	195	430	450
Zn(mg/kg)	160	270	450	700
Ni(mg/kg)	750	1 650	3 000	6 300
	有机质≤20	20＜有机质≤40		有机质＞40
Cu(mg/kg)	150	210		260

二、浙西丘陵山地 Cd 高背景区土壤 Cd 限量标准研究

浙江省浙西丘陵山地区（Ⅱ）大面积分布古生代沉积碎屑岩和碳酸盐岩，在碳质和泥质岩背景区，Cu、Zn、Mo、Cd、Hg、As、Ni、Cr、Se 元素的含量均高于火山岩和砂质岩区，特别是 Cd，碳质和泥质岩区的含量分别达到硅质岩区的 14.0 倍。那么土壤中重金属的高含量是否会带来高生态风险？

图 5-15 为浙西高背景区和峰江、永康等典型人为污染区土壤 Cd 的 7 个形态占总量

百分比对比,从图中可以看出,3个研究区Cd形态差异较大,浙西镉高背景区Cd活性态(水溶态、离子交换态和碳酸盐结合态之和)明显低于其他2个人为污染区。浙西镉高背景区Cd活性态占总量的35.33%,而峰江Cd污染区和永康Cd污染区镉活性态占比分别为56.13%和71.77%。因浙西Cd高背景区土壤中的Cd古生代沉积碎屑岩和碳酸盐岩的风化沉积,在未受到人为污染的情况下,其活性较低;峰江Cd污染区以固废焚烧沉积为主形成的污染,永康Cd污染以小五金酸洗废水的污灌为主,废水中的Cd以水溶态和离子态为主,所以其活性最高。

既然Cd高背景区和人为污染区镉活性差异较大,用统一的标准进行土壤镉污染评价有失偏颇,故而需开展高背景区土壤污染评价标准研究。

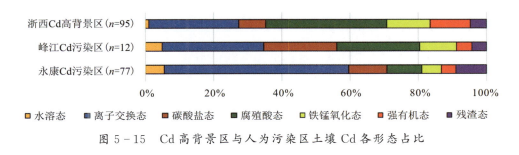

图5-15 Cd高背景区与人为污染区土壤Cd各形态占比

1. 基于累积频率法的土壤地球化学基线

针对土壤重金属元素高背景区的环境标准,很多学者采用累积频率曲线研究其土壤地球化学基准,浙西丘陵山地区是浙江省面积最大,异常强度最高的Cd异常区,本书利用土壤地球化学基准研究该区土壤Cd的环境标准建议值。

累积频率分布曲线的拐点法是研究土壤元素基线值的重要方法之一,该方法采用正常的十进制坐标,累积频率-元素浓度的分布曲线可能有2个拐点,值较低的点代表元素浓度的上限(基线范围),小于样品元素浓度的平均值或中位值即为基线值,值较高的点则代表异常的下限。若分布曲线近似呈直线,则所测样品的浓度可能代表了背景范围(基线)。

利用浙西地区土地质量地质调查

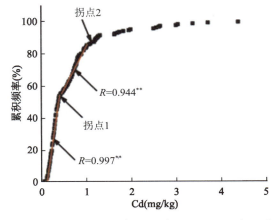

图5-16 浙西地区表层土壤Cd累积频率曲线

3 598个土壤表层土壤点位数据构建土壤Cd累积频率曲线,图5-16为浙西地区表层土壤Cd累积频率曲线。从图5-16中可以看出,表层土壤Cd累积频率曲线部分出现2个拐点,拐点1和拐点2所对应的Cd含量分别为0.65mg/kg和1.50mg/kg,其中拐点1代表 Cd 元素浓度的上限(基线范围),小于该值的土壤 Cd 平均含量 0.20mg/kg 作为基线值。拐点 2 则代表异常值的下限,即土壤中 Cd 含量高于 1.50mg/kg 就有可能受到人为活动的影响。

2. 浙西丘陵山地区土壤 Cd 环境标准建议值

从制定土壤环境质量标准的角度来看,在划分统计单元时,若区域内存在元素高背景值的土壤成片分布,但尚未对作物的质量、产量等产生明显的危害,可将该高背景区单独划分成统计单元。应用元素统计法或累积频率曲线等方法,确定该高背景区的土壤环境一级标准。在《水稻产地水稻砷、汞、镉、铅、铬安全阈值》(征求意见稿)中高背景区土壤重金属阈值采用"背景值+HC_5"[即保护农田生态系统中 95% 的生物物种(相对)安全的浓度值]的方法,本研究借鉴此方法研究浙西地区土壤重金属环境质量标准,浙西丘陵山地区土壤 Cd 环境质量标准见表 5-12。

浙西丘陵山地区土壤 Cd 环境质量标准为基线值与表 5-10、表 5-11 中的土壤环境标准建议值之和。

表 5-12 浙西丘陵山地区土壤 Cd 环境质量标准建议值

pH 值	pH≤5.5	5.5<pH≤6.5	6.5<pH≤7.5	pH>7.5
稻田	0.35	0.50	0.60	0.90
菜地	0.70	1.00	1.20	1.50

综合表 5-10、表 5-11 和表 5-12,得出浙江省土壤环境质量标准建议值,如表 5-13 所示。

由表 5-13 可以看出,与《土壤环境质量 农用地土壤污染风险管控标准(试行)》(GB 15618—2018)筛选值相比,本书给出的土壤环境质量标准建议值有以下几个特点。

(1)考虑到高背景区重金属活性较低,将重金属高背景区与一般非高背景区区分开,分别制定了 Cd 限量标准。

(2)非高背景区稻田 Cd 环境质量标准建议值较《土壤环境质量 农用地土壤污染风险管控标准(试行)》(GB 15618—2018)筛选值偏严,而菜地 Cd 环境质量标准建议值较宽松,这与浙江省稻米 Cd 超标风险较高,而蔬菜 Cd 超标风险较低的评价结果相符。

(3)稻田 Hg、As、Zn、Ni 元素环境质量标准建议值在任何土壤酸碱度环境下较《土壤环境质量 农用地土壤污染风险管控标准(试行)》(GB 15618—2018)筛选值宽松。解决了用《土壤环境质量 农用地土壤污染风险管控标准(试行)》(GB 15618—2018)筛选值作为评价标准,浙江省土壤中这些元素污染比例远高于稻米超标比例的问题,使农田的土壤污染评价能有效地指导粮食安全生产。

(4)稻田土壤 Cu 环境质量标准建议值根据有机质分段统计,与《土壤环境质量 农用地土壤污染风险管控标准(试行)》(GB 15618—2018)水田土壤筛选值较接近。

（5）菜地土壤环境质量标准建议值较宽松，本研究采集的土壤 As、Pb、Zn、Ni、Cu 元素实测值一般低于土壤重金属限量标准，即在浙江省种植的蔬菜重金属超标的概率很低，这与蔬菜重金属超标较低的评价结果基本相符。

表 5-13　浙江省土壤环境质量标准建议值

污染物	土地利用		pH 值			
			≤5.5	5.5＜pH≤6.5	6.5＜pH≤7.5	＞7.5
Cd(mg/kg)	水田	非高背景区	0.15	0.30	0.40	0.70
		高背景区	0.35	0.50	0.60	0.90
	菜地	非高背景区	0.50	0.80	1.00	1.30
		高背景区	0.70	1.00	1.20	1.50
As(mg/kg)	水田		90	75	45	20
	菜地		130	95	85	45
Pb(mg/kg)	菜地		150	195	430	450
Ni(mg/kg)	水田		140	240	380	750
	菜地		750	1 650	3 000	6 300
Zn(mg/kg)	稻田		200	260	350	550
	菜地		160	270	450	700
Hg(mg/kg)			0.90	1.30	1.50	2.20
			有机质≤20	20＜有机质≤40	有机质＞40	
Cu(mg/kg)	稻田		60	80	95	
	菜地		150	210	260	

注：有机质含量单位为 g/kg。

第六章 绿色土地资源开发与保护

本研究以保护最优质耕地资源为目的,首次提出绿色土地的概念。何为绿色土地,即最优质的耕地。最优质的耕地首先应该是安全的,其次是有质量保障的,另外还应该是可持续利用的。在这3条原则的基础上提出绿色土地评价指标体系,并以天台县为试点,利用天台县土地质量地质调查成果开展绿色土地评价,提出绿色土地保护建议。

第一节 绿色土地评价标准研究

一、绿色土地的定义

绿色土地是指安全优质的、具有可持续利用和保护价值的土地,本书将绿色土地界定在耕地范围。绿色土地的安全性强调生产的农产品的安全性;优质性强调耕地土壤具有较高的肥力水平;持久性强调可被永久保护不变更土地用途,且远离污染源或被污染的可能性小。绿色土地是基于土地质量、生态管护及食品安全的需要而提出的一个创新性概念。开展绿色土地的研究,具有重要的现实意义,以此为抓手,可成为土地行政管理的又一个着力点。绿色土地评价实质就是生态质量的评价。

二、绿色土地评价标准

根据绿色土地含义,可将绿色土地评价指标分为两部分:土地环境质量安全指标和土地地力指标。土地环境质量指土壤中有害物质对人或其他生物产生不良或有害影响的程度。本标准所指土地环境质量界定在土壤重金属污染、土壤有机物污染、灌溉水和大气干湿沉降质量、农业投入品和周边环境等方面。土地地力指在当前耕作管理水平下,由土壤本身特性、自然条件和基础设施水平等要素综合构成的土地生产能力,本标准土地地力主要界定在土壤肥力和农用地质量分等。另根据土地的富硒状况又将绿色土地分成Ⅰ等、Ⅱ等,具体指标见表6-1。

三、土地环境质量安全评价标准

1. 土壤重金属限量标准

综合浙江省土壤环境标准建议值和《土壤环境质量 农用地土壤污染风险管控标准

(试行)》(GB 15618—2018)(以下简称 GB 15618—2018)重金属风险筛选值,取用两个标准中较苛刻的标准值,建立绿色土地重金属限量标准(表6-2)。

表6-1 绿色土地质量评价指标表

类别		绿色土地	
		Ⅰ等	Ⅱ等
土地环境质量安全评价指标	土壤重金属限量指标	低于表6-2标准值	低于表6-2标准值
	土壤有机物限量指标	表6-3	表6-3
	灌溉水质量指标	表6-4	表6-4
	大气干湿沉降质量指标	表6-5	表6-5
	农业投入品质量指标	表6-6	表6-6
	周边环境指标	表6-7	表6-7
土地地力评价指标	土地产能评价指标	农用地分等自然等小于或等于9	农用地分等自然等小于或等于9
	土壤肥力评价指标	综合肥力达到二等	综合肥力达到二等
	土壤有益元素评价指标	土壤硒含量达到富硒土壤标准	

表6-2 绿色土地重金属限量标准

污染物	土地利用		pH值			
			pH≤5.5	5.5<pH≤6.5	6.5<pH≤7.5	pH>7.5
Cd(mg/kg)	水田	非高背景区	0.15	0.30	0.40	0.70
		高背景区	0.35	0.50	0.60	0.90
	其他		0.30	0.30	0.30	0.60
Hg(mg/kg)	水田		0.5	0.5	0.6	1.0
	其他		1.3	1.8	2.4	3.4
As(mg/kg)	水田		30	30	25	20
	其他		40	40	30	25
Pb(mg/kg)	水田		80	100	140	240
	其他		70	90	120	170
Cr(mg/kg)	水田		250	250	300	350
	其他		150	150	200	250
Cu(mg/kg)	果园		150	150	200	250
	其他		50	50	100	100
Ni(mg/kg)			60	70	100	100
Zn(mg/kg)			200	200	250	300

2. 土壤持久性有机污染物限量标准

持久性有机污染物指六六六、滴滴涕、多环芳烃、多氯联苯、苯并[α]芘、石油烃、邻苯二甲酸酯类等有机污染物,可根据实际情况选择有机污染物指标。六六六、滴滴涕、苯并[α]芘应低于《土壤环境质量 农用地土壤污染风险管控标准(试行)》(GB 15618—2018)规定的土壤污染筛选值(表 6-3),其他有机污染物应低于检出限。

表 6-3 绿色土地有机污染物限量标准　　　　　　　单位:mg/kg

序号	污染物项目	限量标准
1	六六六总量①	≤0.1
2	滴滴涕总量②	≤0.1
3	苯并[α]芘	≤0.55

注:①六六六总量为 α 六六六、β 六六六、γ 六六六、δ 六六六 4 种异构体的含量总和。
②滴滴涕总量为 p,p'-滴滴伊、p,p'-滴滴滴、o,p'-滴滴涕、p,p'-滴滴涕 4 种衍生物的含量总和

3. 灌溉水质量

灌溉水水质标准参考《农田灌溉水质标准》(GB 5084—2005)。具体标准见表 6-4。

4. 大气干湿沉降质量

大气干湿沉降物质量标准同《土地质量地球化学评价规范》(DZ/T 0295—2016)中一级标准。划分标准见表 6-5。

5. 农业投入品质量

农业投入品主要指农药和肥料。肥料包括有机肥和化肥,其评价标准参照《肥料中砷、镉、铅、铬、汞生态指标》(GB/T 23349—2009),限量标准见表 6-6。农药的施用应严格遵照施用说明和农技部门的指导。

6. 周边环境质量

周边环境质量标准主要考虑与有污染的工业企业和交通要道的距离(表 6-7),以保障耕地不受污染。

1)点状污染源排放重金属迁移距离研究

选择浙中某地小五金聚集地某五金生产企业为污染源,该五金生产企业排放的污染物主要为五金生产排放的废水,废水中最主要的污染物为 Cu、Cd,工厂排污口附近的水系沉积物中 Cu、Cd 含量达到 6 053.3mg/kg 和 8.96mg/kg,土壤 pH 值为 5.4,有机质含量为 23.7g/kg。从工厂排污口出发,向水流方向那一条横向剖面,避开建筑物,以约 50m 间隔取一个土壤样点,分析每个点土壤的 Cu、Cd 含量(图 6-1)。

表6-4 灌溉水控制项目标准值

项目类别	目标值
水温/℃	≤35
pH值	5.5～8.5
全盐量(mg/kg)	≤1 000
氯化物(mg/kg)	≤350
硫化物(mg/kg)	≤1
总汞(mg/kg)	≤0.001
Cd(mg/kg)	≤0.01
总砷(mg/kg)	≤0.05
铬(六价)(mg/kg)	≤0.1
Pb(mg/kg)	≤0.2
Cu(mg/kg)	≤0.5
Zn(mg/kg)	≤5

表6-5 大气干湿沉降物质量标准

元素	年沉降通量密度[mg·(m^2·a^{-1})]
Cd	≤3
Hg	≤0.5

表6-6 肥料限量标准

项目	目标值(mg/kg)
砷及化合物的质量分数(以As计)	≤0.005 0
镉及化合物的质量分数(以Cd计)	≤0.001 0
铅及化合物的质量分数(以Pb计)	≤0.020 0
铬及化合物的质量分数(以Cr计)	≤0.050 0
汞及化合物的质量分数(以Hg计)	≤0.000 5

表6-7 周边环境标准

项目	目标值
与工业企业距离	≥1 500m
与交通要道距离	≥200m

图6-2为土壤Cu、Cd含量与离工厂排污口距离散点图，从图中可以看出，土壤中Cu、Cd的含量都随离工厂排污口距离增加而下降，但Cu、Cd下降的幅度有所不同。当距离排污口约1 150m时，土壤Cu的含量由排污口附近的1 053.7mg/kg降到100mg/kg以下；当距离排污口约1 250m时，土壤Cu的含量降到50mg/kg以下，降到限量值以下后，距离增大，土壤Cu的含量却保持不变。

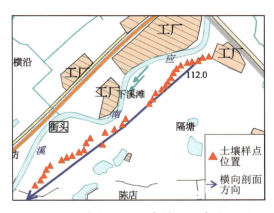

图6-1 横向剖面土壤样品分布点位图

土壤Cd的含量随距离排污口距离下降的幅度较Cu小，当距离排污口1 100m时，土壤Cd的含量降到0.30mg/kg以下；当距离排污口1 300m时，土壤Cd的含量降到0.25mg/kg左右。根据前面对土壤限量值的研究当土壤pH=5.4，有机质含量为23.7g/kg时，土壤Cu、Cd限量值分别为78mg/kg和0.16mg/kg。利用Cu、Cd含量与离排污口距离的拟合方程，可计算出Cu、Cd下降到限量值以下离排污口的距离分别大于940m和1 550m时，土壤中的Cu、Cd含量降到限量值以下。

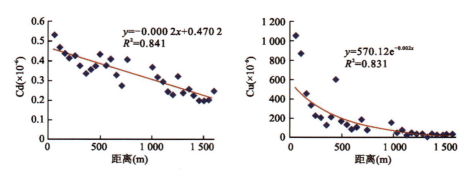

图 6-2 土壤 Cd、Cu 含量随与工厂排污口距离变化情况

根据个例确定点状污染源中污染物的迁移距离有一定的片面性，故而本书收集了一些前人的研究成果，以供制定标准时参考。严连香(2009)对苏南地区采用不同排污方式的3个工业企业周围土壤、作物系统的重金属空间变异、迁移及影响因子的研究表明：污水排放企业周围土壤和作物重金属的强烈聚集区出现在企业排污口附近约50m范围内，重金属含量指数随着距企业距离的增加而降低，高于土壤背景值的污染范围分别为400m和100m。赵琳琳(2011)认为闻喜县镁工业区镁生产对土壤环境的污染特点也表明研究区耕层土壤Mg、Cr和Pb含量受镁生产的影响，其规律为距离镁工业区镁生产地越近，影响越明显。

2）条带状污染源排放重金属及有效性

最常见的条带状污染源是公路，特别是交通要道，关于公路沿线污染物的迁移特征很多学者已做过研究，索有瑞等(1996)研究表明 Pb 含量与公路距离呈负相关关系，在距公路100m处趋于当地背景值。李锐(2008)研究表明公路对土壤重金属 Pb 的影响最大，污染范围达到200m；其次是 Cd 污染范围达到50m。张辉等(1998)以宁杭公路南京段为例，对公路旁土壤中重金属复合污染进行了研究，表明研究区已形成 Pb、Co、Cr 复合污染，污染源带沿公路延伸方向展布，污染范围在距路基140～150m之间，重金属来源主要为机动车燃料燃烧和轮胎中所含的重金属成分。林健等(2002)研究受公路交通污染的土壤和稻谷中的 Pb、Cd 分布特征，结果表明公路旁土壤和稻谷受 Cd、Pb 污染严重，污染范围距路基150m，土壤 Cd、Pb 污染程度影响稻谷中 Cd、Pb 含量。

四、土地地力评价标准

1. 土地产能标准

土地产能标准参照《农用地质量分等规程》(GB/T 28407—2012)，农用地分等资料以收集为主，资料来源于各县级自然资源局。综合考虑浙江省耕地等级和对农产品产量和质量的影响，要求Ⅰ等、Ⅱ等绿色土地土地自然等小于或等于9。

2. 土壤肥力

土壤肥力评价标准参考《土地质量地球化学评价规范》(DZ T 0295—2016)，依据

表 6-8 分级标准,以及土壤 N、P、K 含量,对土壤单元素养分等级进行一级(丰富)、二级(较丰富)、三级(中等)、四级(较缺乏)和五级(缺乏)划分(表 6-8)。

表 6-8 土壤养分分级标准 单位:g/kg

指标	一级	二级	三级	四级	五级
	丰富	较丰富	中等	较缺乏	缺乏
全氮	>2.5	2.0~2.5	1.0~2.0	0.5~1.0	≤0.5
全磷	>1	0.8~1	0.6~0.8	0.4~0.6	≤0.4
全钾	>25	20~25	15~20	10~15	≤10

在氮、磷、钾土壤单指标养分地球化学等级划分基础上,按照下列公式计算土壤养分地球化学综合得分 $f_{养综}$。

$$f_{养综} = \sum_{i=1}^{n} k_i f_i$$

式中:$f_{养综}$ 为土壤 N、P、K 评价总得分,$1 \leq f_{养综} \leq 5$;k_i 为 N、P、K 权重系数,分别为 0.4、0.4 和 0.2;f_i 分别为土壤 N、P、K 的单元素等级得分。单指标评价结果 5 级、4 级、3 级、2 级、1 级所对应的 f_i 得分分别为 1 分、2 分、3 分、4 分、5 分。

土壤养分地球化学综合等级划分见表 6-9,Ⅰ级、Ⅱ级绿色土地养分综合等级达到二等及以上。

表 6-9 土壤养分地球化学综合等级划分表

等级	一等	二等	三等	四等	五等
条件	$f_{养综} \geq 4.5$	$3.5 \leq f_{养综} < 4.5$	$2.5 \leq f_{养综} < 3.5$	$1.5 \leq f_{养综} < 2.5$	$f_{养综} < 1.5$

第二节　天台县绿色土地评价及绿色土地资源开发与保护

一、天台县自然地理及土地利用概况

天台县位于浙江省东部,台州市北部,以境内天台山得名,地处东经 120°41′24″—121°15′46″,北纬 28°57′02″—29°20′39″,东靠三门、宁海,南邻临海、仙居,西接磐安,北接新昌。县境东西长 54.7km,南北宽 33.5km,全县总面积 1 432km²。

天台县城区由赤城街道、始丰街道和福溪街道组成。位于始丰溪两岸,三茅溪、赭溪、螺溪分别从城中穿越而过,总面积 157km²,是全县的政治、经济、文化中心。

天台县的地貌受地质构造和新构造运动的影响,山系盘桓,溪流切割,形成以低山、丘陵为主的地貌。低山和丘陵占全县总面积的81%。河谷平原和台地只占19%。整个地势以东北、西北、西南三面高,向东和东南倾斜。四面高山环绕,西北、北东是天台山脉,主峰华顶山柏树岩尖海拔1 100m;西南、南为大雷山脉,主峰大雷山海拔1 229.4m。中间是河谷平原,始丰溪贯穿西东折南,海拔50～250m,称为天台盆地。天台盆地受北东、北西和东西向的断裂控制,呈明显的三角形。

根据2017年天台县土地利用现状数据进行统计分析,天台县的土地利用主要分为农用地、建设用地和未利用地三大类(图6-3),其中农用地占全县总面积的89.35%。天台县土地总面积1 427.062km²,其中基本农田保护面积为240.333km²,占土地总面积的16.84%,至2020年,基本农田保护区面积将达到292.254km²,占土地总面积的20.48%,主要分布于中部河谷平原粮经畜渔综合区,即白鹤西南—平桥北部—街头一带,以及坦头北部—三合北部—红畴北部一带。

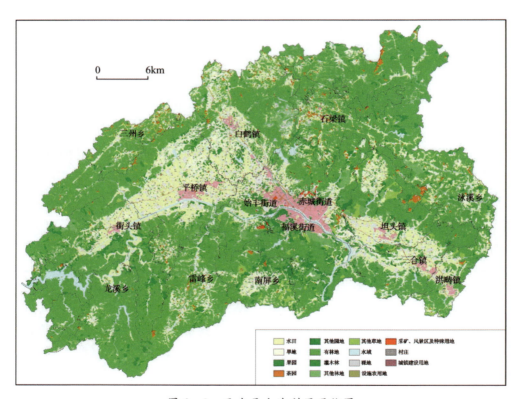

图6-3 天台县土地利用现状图

二、绿色土地评价

利用天台县1:5万土地质量地质调查数据(2016—2018年)和天台县农用地质量等级资料开展天台县绿色土地评价。

图 6-4 为天台县绿色土地分布图,从图中可以看出天台县绿色土地主要分布于石梁镇、白鹤镇和三洲乡等北部乡镇。表 6-10 对天台县各等级绿色土地面积及与耕地面积的占比进行了统计,由表可知,天台县绿色土地面积共 41.92km², 占天台县耕地面积的 15.12%。Ⅰ等绿色土地面积 2.19km², 主要分布在石梁镇和白鹤镇;Ⅱ等绿色土地面积 39.73km², 主要分布在石梁镇、白鹤镇、平桥镇等北部乡镇。

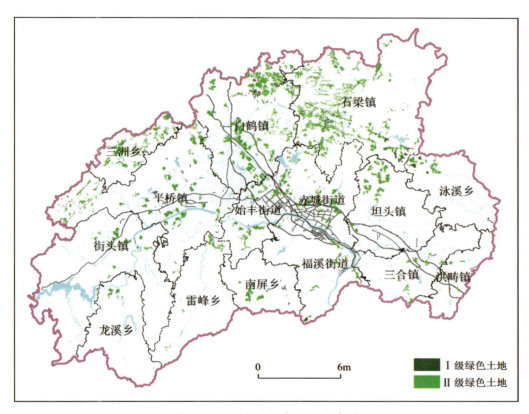

图 6-4 天台县绿色土地分布图

三、天台县绿色土地建档

绿色土地土地质量档案建设,是土地质量调查者、土地管理者和土地使用者共同配合、参与的工作。调查是前提,建档是关键,用地有责任。没有土地管理部门的参加,就无法真正了解需求,没有土地相关基础调查成果的支撑,就无法实现建档成果向应用性成果的转化。因此,建档工作的思路是以土地自然属性为基础、以土壤地球化学质量为重点、以实测数据为支撑、以多样化表达为载体、以实现成果转化应用为动力,进行绿色土地质量档案建设。

表 6-10 天台县绿色土地分布面积统计

绿色土地等级	乡镇	面积(km²)	占耕地比例(%)
I	白鹤镇	0.58	0.21
	福溪街道	0.10	0.03
	石梁镇	1.24	0.45
	泳溪乡	0.28	0.10
	总计	2.19	0.79
II	白鹤镇	9.43	3.40
	赤城街道	3.20	1.15
	福溪街道	1.10	0.40
	洪畴镇	0.16	0.06
	街头镇	1.15	0.41
	雷峰乡	0.59	0.21
	龙溪乡	0.35	0.13
	南屏乡	0.82	0.30
	平桥镇	4.88	1.76
	三合镇	0.71	0.26
	三洲乡	2.78	1.00
	石梁镇	9.90	3.57
	始丰街道	1.87	0.67
	坦头镇	2.05	0.74
	泳溪乡	0.74	0.27
	总计	39.73	14.33

1. 建档技术方法

1）工作底图

为便于成果应用转化，本次永久基本农田土地质量建档工作底图由1∶1万土地利用现状图和1∶1万永久基本农田分布图整合修编所得。

2）建档单元

因永久基本农田自然图斑破碎、数量众多，实际调查精度无法满足每个自然图斑均有实测数据控制，故需对自然图斑进行归并，形成新的建档单元。建档单元划定技术要点如下。

(1)建档单元划分原则。

综合性原则。综合考虑土地环境背景调查、土壤地球化学等级评价结果、行政界线、土地利用类型及地理要素等因素进行单元划定。

一致性原则。保持划定的建档单元界线与土地环境背景调查单元、行政区、土地利用现状图斑等的统一一致,即建档单元不切割行政村界线、永久基本农田图斑界线,原则上不跨越土地环境背景调查单元边界、道路及双线水系等。

实测数据原则。原则上保证每个划定的单元内有1个实测土壤地球化学样点。由于受地理条件和行政权属限制,存在无法与其他图斑合并造成档案单元内无实际调查点位的情况,则采用相同属性样点的最近实测样点代替。

(2)建档单元划分方法与步骤。

第一步:在土地利用现状图层的基础上删除耕地、园地和林地图层,留取道路、水系和建设用地图层,并在此基础上叠加永久基本农田图斑图层,作为建档单元划分的基础底图。

第二步:在底图基础上,叠加土地环境背景调查单元、行政村界线,划出第一边界。

第三步:首先利用土壤实测点数据,采用反距离加权插值法给每个永久基本农田图斑进行赋值;其次依据土壤质量地球化学等级评价标准获得图斑土壤养分和土壤环境地球化学等级;最后根据二者叠加生成土壤质量地球化学综合等级的图式对图斑颜色进行分级细化显示,作为第二边界。具体方法如下:对于图斑内土壤环境地球化学等级为轻度、中度和重度污染的图斑,在显示图斑等级颜色时不考虑相应图斑的土壤养分地球化学等级,即根据图斑的土壤环境地球化学等显示颜色;对于图斑内土壤环境地球化学等级为清洁或轻微污染的图斑,则根据土壤养分地球化学等细化相应土壤环境地球化学等级图斑颜色,即在同一色系内对轻微污染图斑或清洁图斑按土壤养分丰富—缺乏分级显示颜色。

第四步:在第二边界的基础上,结合土壤实测样点位置、土地利用现状类别及其周边永久基本农田分布地理特点合并永久基本农田自然图斑形成建档单元。单元面积大小一般为30～300亩。

3)绿色土地质量档案单元编码图编制

单元划分完毕后,分别以县、乡级行政区为单位,编制土地质量档案单元编码图。建档单元编号由10位阿拉伯数字组成,前6位为县级行政代码,后4位为建档单元的顺序码,顺序码以建档单元中心点坐标为依据,按从左至右、从上至下的大小顺序编排。

2.建档的主要内容和表达形式

土地质量档案是具有长期保存价值的资料,主要由"文、图、卡、码、库"五要素组成,"文"就是土地质量档案建设工作报告,"图"就是土地质量地球化学等级图,"卡"就是土地质量记录卡,"码"就是土地质量二维码,"库"就是土地质量数据库。通过建档,形成一个

"以文为说明、以图为基础、以卡为支撑、以库为中心、以码标身份"的土地质量档案体系。

3. 绿色土地质量记录卡

绿色土地质量记录卡是按建档单元逐一登记的绿色土地质量情况,犹如绿色土地的"身份证"。主要以调查、实测数据为基础,涵盖绿色土地等级、土地地理位置、行政权属、土地利用现状、土地自然性状、土地环境指标、土地地力指标、平面位置图、总体评述及结论建议等多个方面。其中,土地自然性状包括农业种植相关的耕层厚度、质地、土壤类型、平整度等;土地质量包括土壤重金属指标和土壤有机污染物指标以及灌溉水、大气沉降、周边污染企业等指标;土地地力指标包括土壤肥力(与农业生产密切相关的有机质、全氮、有效磷、速效钾、有效硼、有效钼等)和农用地分等两大类;平面位置图则含有土壤测量点、农产品测量点等各类采样点位信息以及目标地块的位置及土地利用情况等信息。绿色土地质量记录卡如图6-5所示。

四、绿色土地资源保护与开发利用建议

绿色土地是最优质、最宝贵的土地资源,应加以保护和开发利用。对绿色土地资源保护和开发利用建议如下。

1. 绿色土地建档

建立绿色土地质量档案,其真实记录绿色土地基本属性、土壤养分水平、土壤环境特征等信息,是绿色土地的"身份证"。可为绿色土地保护和开发利用提供有效的技术支持,为绿色土地保护的制度化建设提供依据和抓手。

2. 划入永久性基本农田

将绿色土地这类最优质的土地资源划入永久基本农田是对绿色土地保护的首要措施。

3. 建立绿色土地保护监管体系

(1)建立绿色土地保护制度。通过经济、行政、技术等手段建立保护制度,使之成为绿色土地的坚实基础。

(2)建立绿色土地数据库信息系统。建立信息系统,备案绿色土地基础信息,同时建立公开查询系统,向社会公开保护区坐标位置和保护政策。

(3)设立保护标志。设立统一规范的界桩和保护标志,公开网络举报系统和举报电话。

(4)土地执法部门从严执法。土地执法部门和土地督察机构要"守土有责",对借发展农业设施为名违法违规用地的,要严肃查处,重典问责,确保"三个不得、三个禁止"规定切实落到实处:即不得改变土地用途,禁止擅自用于其他非农建设;不得超标准用地,禁止擅自扩大用地规模;不得改变农业设施性质,禁止擅自将农业设施用于其他经营。

绿色土地质量记录卡

档案编号：3310231146

绿色土地等级地理位置及权属	浙江省台州市天台县		白鹤镇		上宅村	土地面积（亩）100.7	绿色土地等级 I
	行政权属	331023101253					
	基本农田图斑编码	331023101253000010008					
		331023101253000010013					
		331023101253000010005					
		331023101253000010012					
	采样点位及坐标	点号	经度	纬度	X（横坐标）	Y（纵坐标）	
		TT1761	1205718.71	291141.2	592901	3232590	

土地利用现状自然现状						
利用情况	■水田 □旱地 □园地 □林地 □牧草地 □其他农用地 □建设用地 □未利用地					
作物种类	□水稻 □油菜 ■麦类 □蔬菜 □其他（　）					
地貌特征	■平原 □丘陵 □盆地 □山地 □谷地 □岗地					
平整度	□平整(<3°) ■基本平整(3°~5°) □不平整(>5°)					
土壤结构	■团粒 □团块 □块状 □棱块状 □棱柱状 □柱状 □片状					
质地	□砂土 □砂壤土 □轻壤土 ■中壤土 □重壤土 □黏土					
土壤类型	□水稻土 □潮土 □滨海盐土 □红壤 □黄壤 ■紫色土 □粗骨土 □石灰岩土 □其他					

土地环境质量									
土壤环境指标	镉 mg/kg	汞 mg/kg	砷 mg/kg	铅 mg/kg	铬 mg/kg	镍 mg/kg	铜 mg/kg	锌 mg/kg	综合评价
分析结果	0.16	0.07	3.7	25.7	29.1	9.81	28.4	57.7	
评价结果	清洁	清洁	清洁	清洁	清洁	清洁	清洁	清洁	清洁
其他环境指标	有机污染物		灌溉水		大气沉降		周边污染企业		农业投入品
评价结果	无污染		达标		达标		无		达标

土地地力									
农用地分等	自然等	7		利用等	7		经济等	10	
土壤养分	指标	全氮 g/kg	碱解氮 mg/kg	全磷 g/kg	有效磷 mg/kg	全钾 g/kg	速效钾 mg/kg	有机质 g/kg	有效铜 mg/kg	养分综合评价
	分析结果	2 646	216	607	186	18.01	306	21.9	4.59	较丰富
	评价结果	丰富	丰富	中等	丰富	中等	丰富	中等	丰富	
	指标	有效锌 mg/kg	有效硼 mg/kg	有效钼 mg/kg	有效铁 mg/kg	有效锰 mg/kg	硒 mg/kg	碘 mg/kg	氟 mg/kg	
	分析结果	8.49	0.14	0.2			0.15			
	评价结果	丰富	缺乏	较丰富			富硒			

图斑位置图	质量评述及土地保护利用建议
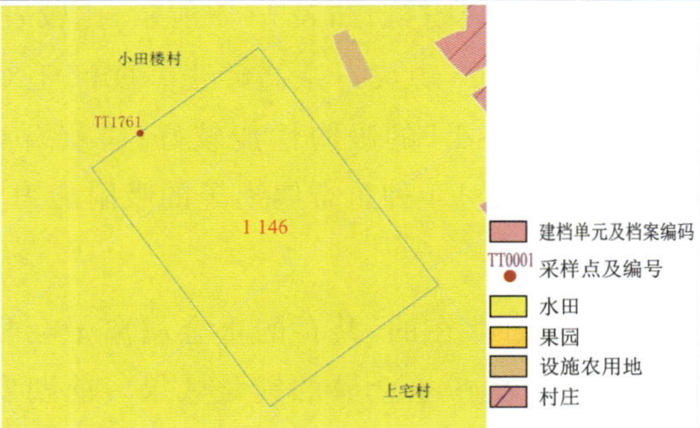 （图斑位置示意图，含小田楼村、TT1761采样点、编码1 146、上宅村等；图例：建档单元及档案编码、采样点及编号TT0001、水田、果园、设施农用地、村庄）	一、质量评述：I级绿色土地，土壤自然性状条件良好，农业基础设施基本齐全；养分含量总体呈较丰富水平，微量养分元素含量情况良好。未见重金属污染，属清洁土壤。 二、利用建议：优先种植粮食作物，并　过人工施肥，保障土壤肥力适宜

备注

填制单位：浙江省地质调查院　　填卡人：卢新哲　　审核人：殷汉琴　　填卡日期：2019/3/28

图6-5　绿色土地质量记录卡

第七章　土壤重金属污染修复技术研究及修复试验

第一节　修复剂钝化修复重金属污染土壤机理研究

一、环境矿物材料对重金属的吸附性能研究

重金属污染土壤修复是近年来的研究热点,化学钝化修复技术通过改变污染物在土壤中的存在形态或同土壤的结合方式,降低其在环境中的可迁移性与生物可利用性。在众多钝化稳定剂中,天然黏土矿物作为土壤组分和土壤胶体的主体在土壤自净过程中发挥重要作用,具有比表面积与孔隙率大、离子交换和吸附性能优良等特性,用于重金属污染土壤修复具有不改变土壤结构和性质、不破坏土壤生态结构等优点,是一种经济、高效、环境友好的钝化修复材料,在重金属污染土壤修复的应用中具有良好的应用前景。

1. 环境矿物材料对单一重金属的吸附性

为筛选对重金属具有高吸附性能的环境矿物材料,通过实验室批量平衡实验法比较研究了膨润土、沸石、蛭石、高岭土、磷灰石5种典型环境矿物材料分别对溶液中 Pb^{2+}、Cu^{2+}、Zn^{2+}、Cd^{2+} 4种重金属离子的吸附性能。

膨润土、沸石、蛭石、高岭土、磷灰石5种环境矿物材料对溶液中 Cd^{2+}、Pb^{2+}、Cu^{2+}、Zn^{2+} 4种重金属离子 Q_{max} 值(Q_{max} 代表最大吸附量)如表7-1所示,比较表明,对溶液中 Cd^{2+} 的吸附性能排序为膨润土＞沸石＞蛭石＞磷灰石＞高岭土。膨润土对4种金属离子均表现出最佳的吸附性能。沸石对 Pb^{2+}、Cd^{2+} 的吸附性能较好;磷灰石对 Pb^{2+}、Zn^{2+} 2种重金属离子的吸附性较好;蛭石和高岭土对4种重金属离子的吸附能力均相对较弱。

2. 重金属离子在矿物材料上的竞争吸附

土壤环境中多种重金属离子通常是同时存在的,共存的重金属离子会相互影响其在矿物材料中的吸附,从而影响矿物材料对土壤中重金属的钝化效果。前期农田土壤中重金属污染状况调查表明,农田土壤中的超标重金属主要为Cd。因而,研究了 Cd^{2+}、Pb^{2+}、Zn^{2+} 等金属离子在膨润土与沸石中的竞争吸附。

比较 Pb^{2+} 和 Zn^{2+} 对 Cd^{2+} 在膨润土和沸石上的吸附影响可以发现,Pb^{2+}、Zn^{2+} 对 Cd^{2+} 在膨润土和沸石上的吸附均存在明显的竞争抑制作用,随 Pb^{2+}、Zn^{2+} 的浓度增大,不

同浓度 Cd^{2+} 在膨润土和沸石上的吸附率逐步降低。

表 7-1 5 种矿物材料对重金属离子等温吸附曲线的 Langmuir 方程拟合参数

重金属	参数	膨润土	沸石	蛭石	磷灰石	高岭土
Cd^{2+}	Q_{max}(mg/g)	15.037 6	10.277 5	5.319 1	2.968 2	1.893 9
	R^2	0.971 7	0.996 9	0.979 6	0.967 9	0.994 1
Pb^{2+}	Q_{max}(mg/g)	67.114 1	53.191 5	31.446 5	83.333 3	11.494 3
	R^2	0.978 2	0.999 2	0.997 5	0.999 9	0.984 8
Cu^{2+}	Q_{max}(mg/g)	25.252 5	7.490 6	5.920 7	3.216 1	3.927 7
	R^2	0.997 2	0.999 5	0.991 2	0.984 4	0.986 5
Zn^{2+}	Q_{max}(mg/g)	35.335 7	10.570 8	12.180 3	20.040 1	5.246 5
	R^2	0.989 5	0.970 8	0.990 6	0.982 3	0.966 8

3. 膨润土/生物炭复合材料对 Cd 的吸附

生物炭是一种新兴的环境功能材料,主要由农作物秸秆在隔绝空气的情况下高温裂解制得,成本低廉,其不仅对重金属具有较强的吸附作用,加到土壤中还可以提高土壤肥力,同时具有一定的固碳作用,生物炭作为优良的土壤改良剂已逐渐被用于污染农田土壤的钝化修复研究。为进一步开发更加高效的重金属吸附材料,将对 Cd 具有良好吸附性能的膨润土与生物炭组成复合材料,研究了膨润土与生物炭组成的混合材料对 Cd^{2+} 的吸附性能以及对 pH 值的影响。

实验发现,在 pH 值为 4~6 的情况下,生物炭对 Cd^{2+} 吸附性能优于膨润土,在膨润土中添加 20% 以上的生物炭可显著提高膨润土对 Cd^{2+} 的吸附性能;在较强酸性条件下(pH 值=3.0),膨润土、生物炭和混合材料对 Cd^{2+} 的吸附均受到明显的抑制,且含 80% 膨润土的混合材料对 Cd^{2+} 的吸附能力最强。

4. 有机肥对矿物材料吸附重金属的影响

选取了膨润土和沸石为典型矿物吸附材料,腐殖酸肥与鸡粪肥作为典型有机肥;比较研究了有机肥与矿物材料对 Cd 的吸附性能、有机肥与矿物材料复合体系对 Cd 的吸附作用以及有机肥溶出有机质对矿物材料吸附 Cd 的影响。实验发现,固态有机肥对 Cd^{2+} 的吸附性能优于膨润土和沸石,有机肥与矿物材料组成的混合体系对 Cd^{2+} 的吸附量小于相应的理想加和值,加入有机肥后,两种矿物材料对 Cd^{2+} 的吸附性能均呈现明显降低,其中膨润土的最大吸附容量下降 38.43%,沸石下降 57.59%(图 7-1),主要是由于有机肥溶出有机质吸附在矿物材料上,阻塞矿物材料表面孔洞,从而抑制了膨润土和沸石对 Cd^{2+} 的吸附。

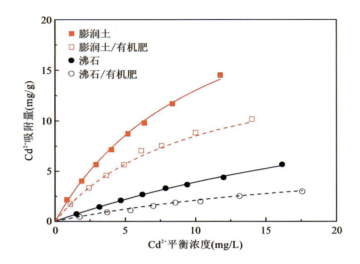

图 7-1 有机肥存在下膨润土和沸石对 Cd^{2+} 的等温吸附曲线

二、环境矿物材料对重金属存在形态及生物有效性的影响

选择膨润土、沸石、磷灰石、腐殖酸肥、生物炭等典型钝化修复材料,研究了单一及复合修复材料对污染土壤中重金属存在形态及生物有效性的影响,以筛选可有效降低污染土壤中重金属有效态含量的钝化修复材料。

1. 环境矿物材料对土壤中重金属存在形态的影响

重金属污染土壤中 Cd 的有效态百分含量显著高于其他重金属,其生物有效性最强;从钝化效果上看,沸石、磷灰石及其混合材料对 Cd、Pb、Zn 的固定效果较好;对 Cu 而言,膨润土、沸石、磷灰石的固定效果较好(图 7-2)。

2. 膨润土/生物炭复合材料对土壤-水稻体系中重金属有效性的调控

通过大棚盆栽实验,研究了 2% 投加量下膨润土、生物炭及复合材料对土壤-水稻体系中重金属生物有效性的影响。Cd 进入水稻体内后主要富集在根部,随着水稻对土壤水分营养物质吸收逐步进入茎和叶片中,且 Cd 含量随之下降。与 Cd 相比,水稻根对 Pb 的富集能力较弱,且茎中的含量比叶中还要低(图 7-3)。土壤中添加膨润土、生物炭及不同组成的复合材料,水稻根、茎、叶中 Pb 的含量均显著降低,且膨润土和含 80% 膨润土的复合材料存在下的降低程度最大,水稻茎、叶中 Cd 和 Pb 的含量分别降低 29.79%、47.66% 和 31.18%、44.35%。添加膨润土及含 50%、80% 膨润土的复合材料,水稻茎、叶中 Cd 的含量显著降低,且含 80% 膨润土的复合材料存在下的降低程度最大,水稻茎、叶中 Cd 的含量分别降低 27.17% 和 59.06%。

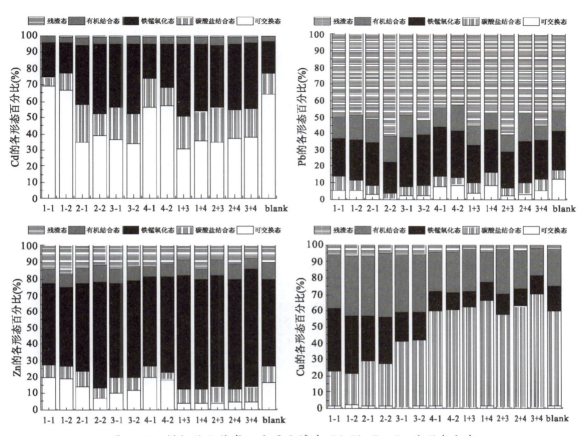

图 7-2 模拟钝化修复 1 个月土壤中 Cd、Pb、Zn、Cu 的形态分布

1.膨润土;2.沸石;3.磷灰石;4.腐殖酸肥

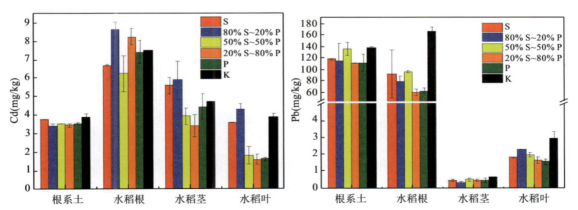

图 7-3 膨润土/生物炭对土壤-水稻体系中 Cd、Pb 有效态含量的调控作用

S.生物炭;P.膨润土;K.空白

第二节 龙游重金属污染区土壤修复试验

一、研究区概况及试验区选址

背景研究区位于龙游县城正南方向直线距离18km的灵山乡一带,属溪口镇沐尘乡和庙下乡管辖,面积130km²。工作区交通便利,距浙赣线铁路龙游站约17km。龙丽高速公路在矿区西侧通过,经龙游城南与杭千高速、杭金衢高速公路相连。工作区自北而南分布灵山多金属硫铁矿、溪口硫铁矿、黄铁矿牛角湾矿段和庙下马坞铜矿4个矿区(图7-4),是浙江省重要黄铁矿、多金属成矿远景区。

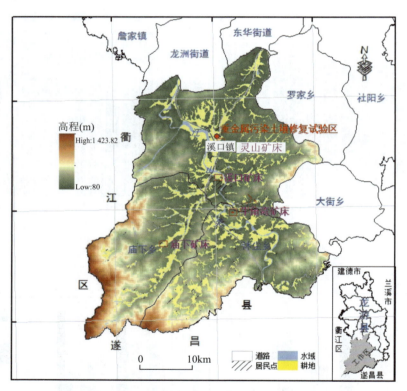

图7-4 龙游黄铁矿研究区位置示意图

因黄铁矿开采等活动影响,研究区农田土壤受到一定程度的重金属污染。研究显示,污染最重的重金属是Cd元素,根据《土壤环境质量 农用地土壤污染风险管控标准(试行)》(GB 15618—2018),灵山、溪口、庙下以及周边的农田土壤中Cd元素点位超标率达到46.79%。土壤中Cd、Cu、Pb和Zn含量在灵山附近的含量远高于其他区域;Cr元素在溪口矿区附近含量最高;As、Cr、Ni元素分布规律一致,在牛角湾矿区最低,在灵山、溪口和庙下区域的含量较高(表7-2)。

表 7 - 2 矿区及周边区域农田土壤重金属含量表

区域	重金属平均含量(mg/kg)							
	Cu	As	Hg	Zn	Cd	Ni	Pb	Cr
灵山矿区	139.5	9.9	0.24	375.1	1.56	37.9	138.1	110
溪口矿区	32.4	6.2	0.21	125.4	0.42	27.9	56.5	120.1
牛角湾矿区	40.4	2.2	0.20	110.8	0.28	6.3	55.7	20.7
庙下铜矿	53.7	7.8	0.12	104.6	0.33	33.1	37.5	109.1
周边区域	34.5	4.25	0.11	140.2	0.38	23.0	59.4	70.0
衢州市	24.8	7.6	0.08	79.6	0.20	17.2	31.5	57

由于重度污染区域主要分布在溪口镇灵上村附近，本书选择灵上村为修复试验的目标区域。灵上村农田土壤中 Cd 的浓度由西向东呈现逐渐增大的趋势，东边沿水渠的区域（约 60 亩）农田土壤中 Cd 的浓度普遍较高，且均在标准限值的 4 倍以上，可作为重污染农田土壤区域，选择合适地块实施重金属污染农田土壤钝化修复试验。

二、修复实验步骤

1. 2015 年网格化试验

在溪口镇灵上村重金属污染区域，依据地块形状、耕作状态选择了 3 块水稻田（3.5 亩），于 2015 年 7 月—11 月实施了重金属污染农田土壤的小面积、网格式钝化修复试验。

土地翻耕后，清除秸秆、杂草，浇灌、平整。利用 PVC 板材（4 m×0.45 m）对整块农田进行隔离处理（深度 0.25 m，露出 0.2 m），形成若干 4 m×4 m 大小的正方形地块，每个分隔的地块作为一个修复单元（图 7-5）；向每个修复单元地块中投加相应的修复材料，人工翻耕，使修复材料与土壤充分混合；添加不同修复材料的修复单元间均设置空白对照。修复材料具体为膨润土、沸石、磷灰石、腐殖酸肥、膨润土/磷灰石、膨润土/腐殖酸肥、沸石/磷灰石、沸石/腐殖酸肥、磷灰石/腐殖肥等。单一修复材料的添加量为土壤质量的 0.5%（25kg）、1%（50kg）及 2%（100kg），复合修复材料的添加总量为土壤质量的 2%（100kg，各 50kg）。散播法种植水稻，交由农田所有者实施正常管理。水稻成熟后，采集每个修复单元中的稻谷，测定稻米中重金属含量，评价修复效果。

2. 2016 年大田试验

依据网格式钝化修复试验的结果，筛选出适用于黄铁矿区重金属污染农田土壤钝化修复的高效修复材料，选择 3 块水稻田（2 亩）于 2016 年 6—10 月实施重金属污染土壤钝化修复试验。

图7-5 重金属污染农田土壤网格化钝化修复试验现场图

图7-6 重金属污染农田土壤钝化修复大田试验现场图

土地翻耕后,清除秸秆、杂草,浇灌、平整。增加田埂,将每块农田分为2～4块较大面积地块(50～100m^2),每个地块作为一个修复单元(图7-6)。向每个修复单元地块中投加一定量的修复材料,人工翻耕(深度20cm),使修复材料与土壤充分混合。添加修复材料分别为沸石、磷灰石、腐殖酸肥等单一修复材料及沸石/磷灰石(1∶1)和沸石/腐殖酸肥(1∶1)等复合材料,钝化修复试验添加量选择为1%与2%,单一修复材料的添加总量为1%,复合修复材料添加总量为2%(各1%)。散播法种植水稻,交由农田所有者实施正常管理。水稻成熟后,采集每个修复单元中的稻谷,测定稻米中重金属含量,评价修复效果。

三、修复试验效果

1. 2015年网格化试验

在污染土壤钝化修复网格化试验中,添加沸石、磷灰石、腐殖酸肥,膨润土/磷灰石、膨润土/腐殖酸肥、沸石/磷灰石以及沸石/腐殖酸肥,均可显著降低稻米中Cd的含量,降低比例为26.7%～83.0%(表7-3);添加沸石/磷灰石混合材料Cd含量的降低程度最大,且大于单一沸石与磷灰石的简单加和,存在协同钝化作用;不同修复材料对稻米中Cd含量的降低程度与其对土壤中Cd有效态降低程度的大小顺序基本一致。由于试验田土壤偏酸性,pH值在4.22～6.15之间,单一矿物材料膨润土和沸石对稻米中Cd的含量降低作用不大。

2. 2016年大田试验

污染土壤钝化修复大田试验结果表明,土壤中添加2%的沸石、磷灰石、腐殖酸肥,以及沸石/腐殖酸肥、沸石/磷灰石等修复材料,均可显著降低稻米中Cd的含量,降低百分率为25.0%～58.9%,降低程度大小顺序与网格化修复试验结果基本一致,添加沸石/磷灰石混合材料的降低程度最显著(58.9%),且存在协同降低作用(表7-4)。

表 7-3　网格化钝化修复试验后稻米中 Cd 的含量

修复材料	修复材料用量(kg)	稻米中 Cd 含量(mg/kg)	降低比例(%)
空白	—	0.418	—
膨润土	25	0.436	−4.3
膨润土	100	0.443	−6.1
沸石	25	0.380	9.1
沸石	100	0.220	47.3
磷灰石	25	0.237	43.4
磷灰石	100	0.094	77.5
腐殖酸肥	25	0.283	32.2
腐殖酸肥	100	0.306	26.7
膨润土/磷灰石	100	0.151	63.9
膨润土/腐殖酸肥	100	0.295	29.4
沸石/磷灰石	100	0.071	83.0
沸石/腐殖酸肥	100	0.159	62.1

表 7-4　重金属污染农田土壤钝化修复后稻米中重金属含量

修复材料	稻米中重金属含量(mg/kg)				Cd 含量降低比例(%)
	Cu	Zn	Cd	Pb	
空白	4.7	26.8	0.56	未检出	
沸石	4.4	25.6	0.42	未检出	25.0
磷灰石	7.0	21.1	0.29	未检出	48.2
腐殖酸肥	4.6	25.6	0.28	未检出	50.0
沸石/腐殖酸肥	3.8	25.7	0.33	未检出	41.1
沸石/磷灰石	4.6	29.6	0.23	未检出	58.9

四、主要结论

龙游黄铁矿研究区的试验田土壤酸性较强，单一的吸附材料如膨润土和沸石对稻米中 Cd 的含量降低作用甚微，而偏碱性的磷灰石对稻米中 Cd 含量的降低作用显著。研究中同时发现，添加膨润土、沸石与磷灰石组成的混合材料，对 Cd 含量的降低程度大于单一材料的理论加和，因而将高吸附性能的矿物材料与磷灰石复配是钝化修复龙游黄铁矿区酸性污染土壤的最佳修复材料。

第三节 湖州重金属污染区土壤修复试验

一、研究区概况及试验区选址

湖州地处浙江省北部平原,杭嘉湖平原北部,属北亚热带季风性湿润气候,四季分明。地形地貌为平原,成土母质均为第四系沉积物。通过土壤地球化学调查结果发现,湖州市南浔镇横街村土壤 Cd 含量超标,练市镇水口村 Hg 含量超标,因此修复试验田分别设在南浔区横街村和练市镇水口村(图 7-7)。

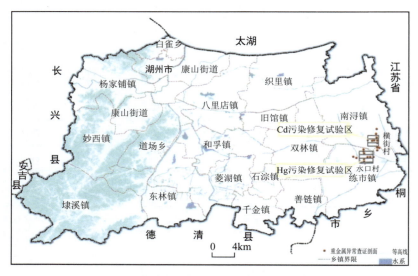

图 7-7 Cd 和 Hg 污染土壤田间修复试验区位置

两块试验田所在地水稻种植均具有一定的规模和历史,且两块试验田均被外来农业生产大户所承包,与周边农田在管理上相对一致,土地利用类型均为水田,土壤类型为水稻土,试验田土壤 pH 值在 6.75~8.00 之间。

二、修复试验步骤

在水稻播种时节,按照当地播种水稻的正常程序进行种稻前的田间整理(灌溉、翻耕、耙地等)。根据试验田中 Cd 和 Hg 的含量,按照水渠灌溉水进入的方向,对试验田块进行均匀分割,中间筑埂,结合膨润土对重金属离子的吸附特性,在分割开的不同试验田块按不同施用量均匀施用膨润土。试验田所选水稻品种、播种方式(撒种)、日常管理均与周边田地保持一致(图 7-8)。

在施用膨润土前,采集试验区土壤样品,作为田间试验的本底环境;施用膨润土后,每月采集 1 次土壤样品。在稻谷收割前,系统采集每垄地水稻根系土和水稻植株样品(水稻根、水稻茎、水稻叶和水稻籽实样品各4件),其中Cd污染修复试验田每垄采集3组样品,Hg污染修复试验田每垄采集2组样品。水稻植株样品在$1m^2$范围内按同样方法采集。在实验区开展十字剖面线地球化学测量,每条剖面按发生层采集2~3个土壤样品。为评价矿物材料的修复效果及对土壤环境产生的生态效应,分析测试土壤样品的土壤pH值、土壤质地、阳离子交换量、铁锰氧化物含量,根据修复对象不同测试Cd全量及形态、Hg全量及形态;水稻植株(水稻根、水稻茎、水稻叶、水稻籽实)样品将分别测试Cd和Hg的含量。

图7-8 研究区土壤修复试验田
(a)Cd污染修复试验田;(b)Hg污染修复试验田

三、修复试验效果

1. 土壤中重金属形态变化

Cd污染修复试验田,施用膨润土后的第一个月(7月),Cd有效态含量降幅超过50%,此后Cd有效态含量虽然有所上升,但均未超过试验前水平。9月底扬花季节膨润土的再次施用使收获季节(11月)土壤Cd有效态含量显著降低,表明膨润土具有很好地吸附固定土壤中有效Cd的作用(图7-9)。Hg元素有效态含量变化比较复杂,膨润土施用后的前2个月(7月和8月)含量似乎保持稳定状态,9月含量有所上升,扬花季节再次施用膨润土后,含量持续降低。

膨润土的施用促进土壤Cd由对作物有效性较大的水溶态、离子交换态和碳酸盐结合态(有效态)向对作物有效性较小的强有机质结合态和残渣态转变。膨润土施用对Hg的全量和有效态含量几乎没有影响。

2. 重金属的生物有效性

试验田水稻植株Cd含量的分布规律为根>茎>叶>籽实。稻米中Cd含量均小于0.2mg/kg,处于安全水平。Hg含量的分布规律为根>叶>茎>籽实,水稻中Hg含量小于0.02mg/kg,处于安全水平。

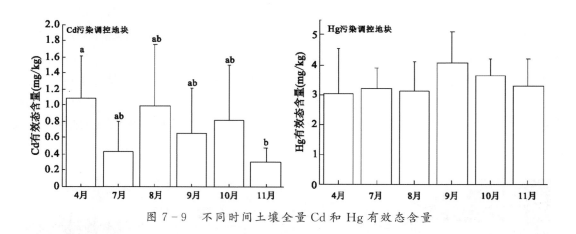

图 7-9 不同时间土壤全量 Cd 和 Hg 有效态含量

3. 膨润土施用后的环境效应

膨润土施用后不同时间试验田土壤质地组成相对一致，表明试验田土壤并未出现板结情况，修复试验田的质地仍以粉砂为主，占 80% 左右。添加膨润土前后，试验田土壤阳离子交换量的变化呈现出较好的规律性，总体趋势为先上升后下降，而对照地块组阳离子交换量持续下降，表明膨润土有提升试验田土壤吸附重金属离子的能力。

四、主要结论

湖州的土壤中性偏碱性，施用膨润土后，能够有效地降低土壤中 Cd 有效态的含量，减少农作物对 Cd 的吸收，且具有环境友好的特征。膨润土对 Hg 有效态含量较低的试验田修复效果不理想，因为 Hg 含量形态以强有机质结合态和残渣态为主，建议对 Hg 有效态含量较高的土壤开展膨润土修复试验，以观察膨润土对 Hg 的修复效果。

第四节 修复方法总结及绩效评价

一、修复方法总结

通过对比不同试验区的实验结果发现，湖州的试验田土壤中性偏碱性，添加单一的膨润土就能够有效地降低土壤中 Cd 的有效态含量，减少农作物对 Cd 的吸收，且具有环境友好的特征；龙游黄铁矿研究区的试验田土壤酸性较强，单一的吸附材料如膨润土和沸石对稻米中 Cd 的含量降低作用甚微，而偏碱性的磷灰石对稻米中 Cd 含量的降低作用显著。研究中同时发现，添加膨润土、沸石与磷灰石组成的混合材料，对 Cd 含量的降低程度大于单一材料，因而将高吸附性能的矿物材料与磷灰石复配是钝化修复龙游黄铁矿研究区酸性污染土壤的最佳修复方式。

二、绩效评价

成本核算：环境矿物材料的添加量为 1~4t/亩，膨润土市场价约 400 元/t，沸石约 580 元/t，磷灰石 780 元/t。据此，酸性土壤的修复成本为 680~2 720 元/亩，碱性土壤的修复成本为 400~1 600 元/亩。

经济效益：经过钝化修复，农田土壤中的水稻成熟后，稻米中 Cd 的含量显著降低。水稻亩产 1 000~1 500 斤左右，平均每亩增加经济收入 3 000~4 500 元。

社会效益：重金属在土壤系统中具有隐蔽性、长期性和累积性的特点，可能对周边土壤环境质量、粮食作物生长以及居民身体健康带来重大安全隐患。环境矿物材料钝化修复重金属污染土壤，极大地降低了土壤中重金属的生物有效性，降低了稻米中的重金属含量，保障了食品安全，具有深远的社会意义。

第三篇

有益元素生态地球化学调查与应用研究

第八章　硒元素生态地球化学研究与富硒开发区划

硒（Se）是一种稀有分散元素，在自然界中分布极不均匀，硒的过量或不足常会引发地方病。1973年国际卫生组织宣布硒是人体必需的微量元素，这是科学界的重大发现。1982年，中国营养学会将其列入人体必需的微量元素之一。自此，硒的生物化学功能与人体健康关系的研究越来越受到重视。2002年浙江率先开展了富硒土壤调查，初步查明了浙江土壤硒的分布特征，并在龙游等地进行了富硒土壤开发，在全国范围产生了积极的示范作用和社会经济效益。本书利用浙江省1：25万多目标区域地球化学调查和典型研究区生态地球化学调查数据，总结土壤硒元素分布规律，并首次在全省范围内开展硒生态地球化学研究，通过研究土壤硒的成因类型和有效性，开展富硒土地资源评价和区划。

第一节　浙江省硒地球化学分布特征

一、土壤硒的总体分布

1. 表层土壤中的硒

浙江省表层土壤中硒平均值为0.32mg/kg，为中等含量水平。含量变化区间较大，最大值为6.32mg/kg，最小值为0.07mg/kg，远高于中国背景值0.17mg/kg，是中国背景值的1.88倍。

表层土壤中硒高值区受地质背景因素控制明显，呈区带状分布，主要分布于长兴北部、湖州北—安吉、杭州北—临安、萧山南—桐庐及金华—衢州、绍兴—宁波、温州等地，与古生代"黑色岩系"地层及变质岩、中生代火山碎屑岩分布关系密切。而低值区主要分布于钱塘江口、磐安—永康—东阳及浦江西部一带，与区内近现代松散沉积物及紫红色碎屑岩分布有关（图8-1）。

2. 深层土壤中的硒

浙江省深层土壤中硒含量区间为0.02~2.03mg/kg，平均值为0.18mg/kg，接近全省基准值0.17mg/kg，略高于全国基准值0.13mg/kg。全省深层土壤中硒高值区主要分布于长兴北部、安吉南部、临安—富阳、浦江北部及金华—衢州、绍兴南部、宁波、台州、温

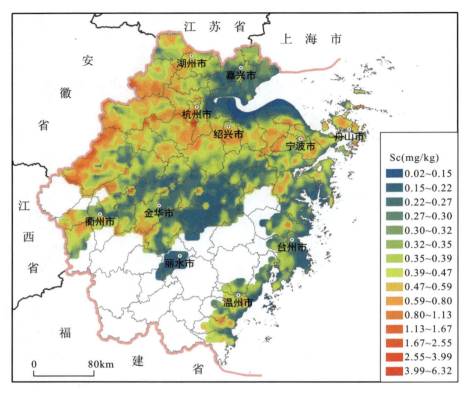

图 8-1 浙江省表层土壤硒含量等值线图

州等地,其中北部长兴、安吉、临安、富阳、衢州一带,地质背景主要为古生代"黑色岩系"地层,南部浦江、金华绍兴南部、宁波、台州、温州一带与大面积分布的中生代中酸性火山碎屑岩有关。全区 1.0mg/kg 以上的高值区主要分布于临安、安吉北部、衢州一带。低值区主要分布于钱塘江口、兰溪—义乌及磐安等地,地质背景主要为近现代冲洪积物、紫红色碎屑岩类(图 8-2)。

二、土壤硒与地质环境的关系

1. 不同地质背景土壤中的硒

地质背景对土壤元素的区域地球化学分布具有明显的主导性控制作用,土壤硒元素分布也受其影响而分布极为不均。表 8-1 为浙江省各地质背景区土壤硒含量统计表。

深层土中硒平均含量整体表现为变质岩区、碳酸岩区＞中基性岩＞中酸性侵入岩＞碎屑岩＞中酸性火山碎屑岩、紫红色(钙质)碎屑岩＞松散沉积物。变质岩区、碳酸岩区土壤硒平均含量最高,为 0.24mg/kg;其次为中基性岩、中酸性侵入岩、碎屑岩类分布区土壤硒平均含量在 0.19~0.21mg/kg 之间;而中酸性火山碎屑岩、紫红色(钙质)碎屑岩、松散沉积物分布区土壤中硒相对较低,其中松散沉积物区平均含量最低,仅为 0.14mg/kg。土壤硒的极大值出现在碳酸岩、碎屑岩区,分别为 2.03mg/kg、1.95mg/kg。中基性岩类

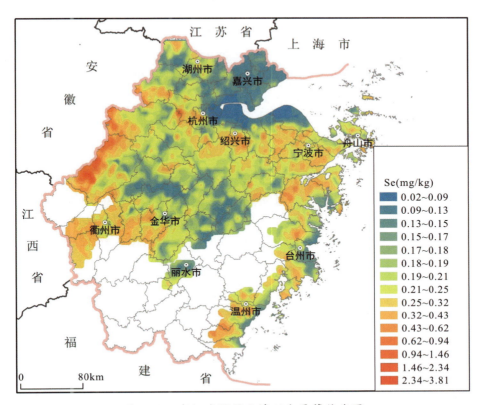

图 8-2 浙江省深层土壤硒含量等值线图

则最低,仅为 0.32mg/kg,其他岩类在 0.43~0.67mg/kg 之间,处于高含量水平。

表 8-1 浙江省各地质背景区土壤硒含量统计表

	元素(Se)	变质岩区	紫红色(钙质)碎屑区	松散沉积物区	碎屑岩区	碳酸岩区	中基性岩区	中酸性火山碎屑岩区	中酸性侵入岩区
深层	样品数(件)	19	176	381	389	48	6	567	80
	均值(mg/kg)	0.24	0.17	0.14	0.19	0.24	0.21	0.17	0.20
	极大值(mg/kg)	0.49	0.43	0.56	1.95	2.03	0.32	0.67	0.48
	极小值(mg/kg)	0.08	0.07	0.02	0.06	0.12	0.12	0.06	0.10
表层	样品数(件)	82	668	1 596	1 524	221	33	2 193	347
	均值(mg/kg)	0.36	0.23	0.33	0.44	0.54	0.26	0.29	0.41
	极大值(mg/kg)	1.5	1.34	1.55	1.96	3.58	0.77	6.32	5.46
	极小值(mg/kg)	0.15	0.11	0.07	0.12	0.19	0.18	0.10	0.12

表层土壤硒平均含量整体表现为碳酸岩区＞碎屑岩区＞中酸性侵入岩区＞变质岩

区＞松散沉积物区＞中酸性火山碎屑岩区＞中基性岩区＞紫红色（钙质）碎屑区。其中碳酸岩区为最高，达 0.54mg/kg；其次为碎屑岩区和中酸性侵入岩，达到 0.4mg/kg 以上；最低为紫红色（钙质）碎屑区，仅为 0.23mg/kg。硒的极大值出现在中酸性火山碎屑岩区、中酸性侵入岩区土壤中，达到 5.0mg/kg 以上，其次为碳酸岩区，为 3.58mg/kg，变质岩区、紫红色（钙质）碎屑区、松散沉积物区均在 1.0mg/kg 以上，最低为中基性岩区，仅为 0.77mg/kg。

2. 不同土壤类型中的硒

表 8-2 为不同土壤类型区土壤硒含量统计表。结果表明，山地丘陵区深层土壤中硒含量相对较高，如红壤、黄壤、粗骨土、岩性土，平原区水稻土中硒含量次之，而沿钱塘江两岸分布的滨海盐土、潮土中硒含量最低。极大值出现在红壤中，达 2.03mg/kg；其次为岩性土、水稻土，分别为 0.97mg/kg、0.92mg/kg；最低为滨海盐土的 0.17mg/kg。

表 8-2 浙江省工作区不同土壤类型区土壤硒含量统计表

	元素（Se）	滨海盐土	潮土	粗骨土	红壤	黄壤	岩性土	水稻土	紫色土
深层	样品数（件）	22	51	154	664	112	46	453	133
	均值（mg/kg）	0.06	0.09	0.19	0.18	0.19	0.20	0.17	0.14
	极大值（mg/kg）	0.17	0.56	0.61	2.03	0.67	0.97	0.92	0.32
	极小值（mg/kg）	0.03	0.03	0.08	0.06	0.08	0.12	0.02	0.06
表层	样品数（件）	108	190	616	2709	434	175	1809	512
	均值（mg/kg）	0.15	0.31	0.24	0.37	0.46	0.47	0.32	0.23
	极大值（mg/kg）	0.35	1.05	6.32	5.46	1.40	2.37	2.17	1.85
	极小值（mg/kg）	0.07	0.12	0.10	0.10	0.11	0.23	0.13	0.11

表层土壤硒总体表现为岩性土、黄壤＞红壤、水稻土、潮土＞粗骨土、紫色土＞滨海盐土。岩性土、黄壤平均含量在 0.4mg/kg 以上，为丰富级别。红壤、水稻土、潮土平均含量均在 0.3mg/kg 以上，粗骨土、紫色土平均含量在 0.2mg/kg 以上，最低为滨海盐土，平均含量仅为 0.15mg/kg，处于低含量水平。从极大值来看，在粗骨土、红壤中，最高含量均在 5.0mg/kg 以上，而平均值则在 0.15～0.47mg/kg 不等，说明硒元素在区域上分布极不稳定。

3. 不同土地利用类型区中的硒

不同土地利用类型区土壤硒含量见表 8-3。

在不同的主要农用地类型区中，深层土壤硒耕地、林地平均含量总体较低，接近于全区均值，为低硒水平；园地均值为 0.22mg/kg，略高于全区均值，为中硒水平。表层土壤中硒均接近于全区均值，处于中硒含量水平。

表 8-3　不同土地利用类型区土壤硒含量统计表

元素(Se)	耕地		园地		林地		全区均值
	样品数(件)	平均值(mg/kg)	样品数(件)	平均值(mg/kg)	样品数(件)	平均值(mg/kg)	
深层	579	0.17	17	0.22	770	0.18	0.18
表层	2 321	0.30	78	0.31	3 006	0.36	0.32

三、表层土壤硒富集特征

表层土壤硒富集特征见表 8-4～表 8-6。

表 8-4　各地质背景区表、深层土壤硒含量及其比值　　　　单位:mg/kg

元素(Se)	变质岩区	紫红色(钙质)碎屑区	松散沉积物区	碎屑岩区	碳酸岩区	中基性岩区	中酸性火山碎屑岩区	中酸性侵入岩区
深层均值	0.24	0.17	0.14	0.19	0.24	0.21	0.17	0.20
表层均值	0.36	0.23	0.33	0.44	0.54	0.26	0.29	0.41
表层/深层(K)	1.50	1.35	2.36	2.32	2.25	1.24	1.71	2.05

表 8-5　各土壤类型区表、深层土壤硒含量及其比值　　　　单位:mg/kg

元素(Se)	滨海盐土	潮土	粗骨土	红壤	黄壤	岩性土	水稻土	紫色土
深层均值	0.06	0.09	0.19	0.18	0.19	0.20	0.17	0.14
表层均值	0.15	0.31	0.24	0.37	0.46	0.47	0.32	0.23
表层/深层(K)	2.50	3.44	1.26	2.06	2.42	2.35	1.88	1.64

表 8-6　主要土地利用类型区表、深层土壤硒含量及其比值　　　　单位:mg/kg

元素(Se)	耕地	园地	林地	全区均值
深层均值	0.17	0.22	0.18	0.18
表层均值	0.30	0.31	0.36	0.32
表层/深层(K)	1.76	1.41	2.00	1.78

由表 8-4～表 8-6 可见,全区表层土壤中硒均有不同程度的富集。在不同的地质背景区中,松散沉积物、碎屑岩、碳酸岩、中酸性侵入岩区富集较为明显,在不同的土壤类型区中,滨海盐土、潮土、红壤、黄壤、岩性土富集较为明显;在主要的农用土类型中,林地土

壤富集较为明显,主要与成土的母岩母质自身硒含量的高低及表层土壤中黏粒物质、有机质等含量高低有关。

第二节 典型研究区土壤硒含量特征及来源研究

为研究土壤硒的来源及迁移转化规律,在初步判断推理硒成因来源的基础上,选择了典型的几个研究区:黑色岩系型(江山、诸暨、桐庐)、第四系沉积型(婺城)、湖沼相型(南浔)、火山岩型(余姚)。开展土壤硒含量、形态及其影响因素研究,进而以水稻富硒标准推导土壤硒含量限定值。

一、硒含量及影响因素

1. 硒含量

硒在研究区表层土壤中的含量区间为0.11～2.99mg/kg,平均值为0.39mg/kg,高于浙江省表层土壤平均值(图8-3)。全省各研究区土壤中硒含量差异较大。其中黑色岩系区、含煤地层区,如江山、诸暨、桐庐土壤硒含量相对较高,均值达0.40mg/kg以上,且这3个研究区土壤硒空间变异较大。这3个研究区成土母质主要为含碳质、泥质等岩石风化物,硒含量普遍较高,总体变化差异较大。而湖州南浔等湖沼相型、金华婺城第四系沉积型、余姚火山岩型等表层土壤中的硒除来自于成土母质外,还和大气干湿沉降、人为活动(施肥)等有关,土壤硒含量相对中等,总体变化差异较小。

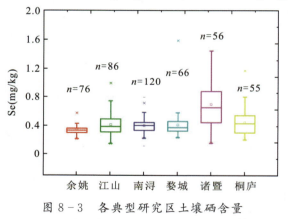

图8-3 各典型研究区土壤硒含量

2. 影响因素

1)pH 值

浙江省各研究区表层土壤以弱酸性为主,极少部分土壤呈弱碱性,硒的迁移性较弱,铁锰铝等氧化物和腐殖质容易吸附固定硒。

各研究区土壤硒含量与pH值之间没有明显的相关性,与pH值变化范围小,且土壤中受pH值影响的硒形态(水溶态、离子交换态)含量少有关。

2)有机质

土壤硒与有机质存在着较好的正相线性相关关系(图8-4),且土壤硒在低于0.60mg/kg时相关性更强。土壤中的有机质容易吸附固定土壤中的硒,使其不易淋溶、迁移。同时各研究区土壤中强有机态、腐殖酸态硒含量占总硒含量的85%以上，且强有机态、腐殖酸态、残渣态硒容易与有机质相结合或被有机质吸附固定于土壤中。在土壤形成过程中，有机质不仅会增加土壤对硒的吸附，而且由于植物腐殖化和微生物作用可使硒的价态发生变化或形成络合物而富集，从而决定了土壤中硒的存在形态。结合土壤pH值，说明在浙江省土壤中有机质对硒的含量起着至关重要的作用，当土壤中硒含量较高时，有机质的主导作用开始减弱。

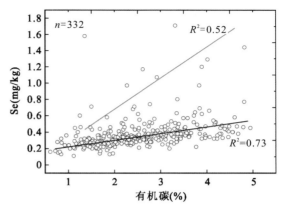

图8-4 土壤硒含量与有机碳含量关系图

二、硒形态及影响因素

1. 硒形态

土壤中硒形态的分布特征见图8-5。各研究区土壤中硒形态以强有机态、腐殖酸态和残渣态为主，占总量的85%以上，且强有机态＞腐殖酸态＞残渣态。水溶态、交换态、碳酸盐态和铁锰结合态含量差别不大，总量低于10%，且在各研究区变化范围不大，水溶态、离子交换态、碳酸盐态等在土壤中的赋存总量可能与硒在土壤中的溶解度有关，在熟化土壤中，这3种形态硒与周围土壤环境达到溶解平衡的状态，含量随总量的变化波动较小。

各研究区硒形态总体呈现出相同的变化趋势，但由于基岩出露情况、有机质含量、土壤熟化程度不同，土壤中硒的赋存形态及其含量略有差别。对比不同地区硒形

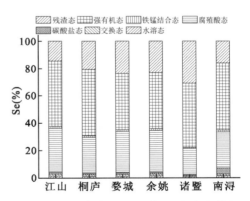

图8-5 土壤中不同形态硒的总体特征

态发现，强有机态和腐殖酸态硒含量的高低顺序为江山市＞南浔＞桐庐＞余姚＞婺城＞诸暨。在水溶态、离子交换态硒达到溶解平衡时，随着植物从土壤中吸收利用硒，有机结合态硒会缓慢释放，转化成可供植物直接利用的硒形态。因此，江山土壤中硒的生物有效性最高，诸暨最低。当然硒的生物有效性还与作物种类、土壤理化性质等关系甚大；残渣态为诸暨＞婺城＞余姚＞桐庐＞江山＞南浔，这部分硒以较稳定的化合物或是晶格的形式存在，难溶解于水和一般的酸碱性溶液，植物较难利用，但这部分硒是土壤硒的重要储备库源，随着岩石风化、土壤熟化过程逐步释放出来。总体上来说，江山、婺城、余姚等研

究区,土壤硒的有效性较高,植物更加容易富硒,而婺城、诸暨两个研究区硒的可持续利用程度较高。

2. 影响因素

1) 硒含量

由图 8-6 可见,腐殖酸态、强有机态、残渣态与硒含量具有显著的正相关。

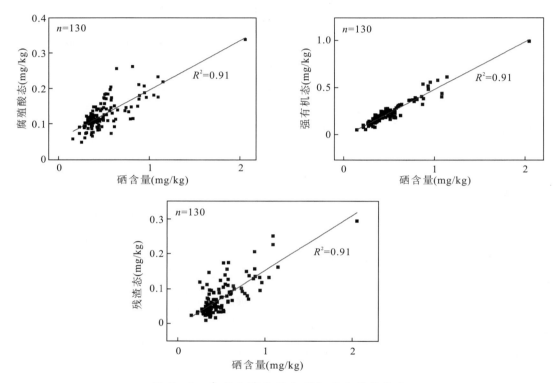

图 8-6　表层土壤各形态硒与硒含量的关系

腐殖酸态、强有机态统称有机态硒,是土壤硒的主要赋存形态,两者总量占硒含量的 85% 以上,而残渣态是土壤硒的储备库源,所以其与硒含量呈明显的正相关。在熟化程度较高的土壤中分析土壤硒形态时,水溶态、离子交换态、碳酸盐结合态、铁锰结合态硒变化范围不大。因此,只要测定腐殖酸态、强有机态、残渣态,就可以比较完整地说明土壤硒的营养状况;利用硒形态与含量的线性回归关系,在已知含量的情况下推导出硒各形态值,对土地资源规划、指导农业生产有很大意义。

2) pH 值

土壤中硒的 7 种形态与 pH 值没有显著的相关关系。腐殖酸态、强有机态、残渣态在 pH 值小于 7.5 时,其含量与 pH 值呈较弱的正相关性(图 8-7)。随着 pH 值的升高,离子态硒(主要是六价硒)容易被淋溶进入深层土壤,而与有机质相结合形成的硒化合物,容易被土壤中的黏粒吸附,当 pH 值为 6~8 时,吸附基本处于稳定。当 pH 值大于 7.5 时,3 种形态硒随着 pH 值的升高而降低,呈负相关性。土壤环境处于碱性条件下,腐殖酸态、残渣态、强有机结合态硒容易被氧化分解成离子态硒进入土壤溶液,被植物吸附利用,导致了土壤中这部分形态硒含量的减少。同时也表明了,碱性条件更有利于土壤中硒的释放,促进作物对硒的吸收利用。可以考虑适当增加土壤的 pH 值,从而促进有机结合硒化物的转化,有利于植物更好地吸收土壤中的硒,进而提高植物中硒的含量。

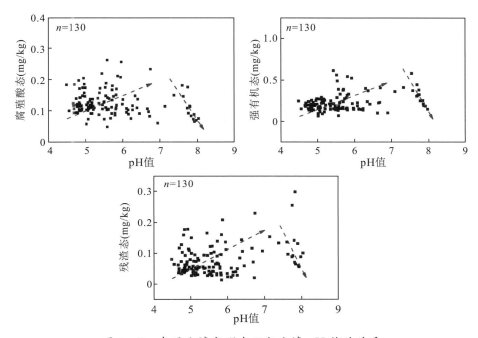

图 8-7 表层土壤各形态硒与土壤 pH 值的关系

3) 有机质

土壤有机质对硒的赋存形态作用比较复杂,具有双重性,研究结果不尽一致。两者间的关系如图 8-8 所示。

7 种形态中仅强有机态、腐殖酸态与有机质呈明显正相关。土壤中的有机质含有活性基团(如羧基、羟基、氨基等),具有很强的表面吸附性能,与土壤中无机胶体竞争吸附土壤中的离子。土壤中强有机态含量的高低受其有机质总量的控制,并且有机质含量的高低与土壤的熟化程度关系密切,所以这一结果恰好印证了土壤的硒含量与土壤的熟化程度有关和成土过程中有机质吸附硒对土壤硒的富集起了主要作用的观点。结果表明,几个研究区所采样点中有机质主要表现的是固定作用。同时,研究表明,有机硒中的胡敏酸结合态硒不能被植物吸收利用,而富里酸态硒可以被植物吸收利用。施化肥容易使富里酸结合态硒向底层迁移,施有机肥可提高有机硒中富里酸结合态硒的比例。在农业生产过程中,施有机肥能够提高硒的生物有效性。

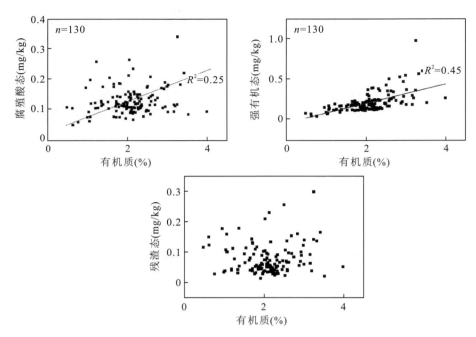

图 8-8 表层土壤各形态硒与土壤有机质的关系

三、硒的来源

利用频数分布函数工具,从数字特征上对硒的来源进一步分离,以期定量指出外源输入对土壤富硒的贡献率。

假设土壤硒含量有 i 个来源,不同的来源组分具有自己的频数分布特征,f_i 代表第 i 个组分的原型分布函数,a_i 和 b_i 代表原型函数参数,p_i 代表比重系数,即不同组分在总体分布中的比重,由于全样总量为 100,则总体分布密度积分为 1,所以 i 个组分样品的分布函数中有 i 个比重系数。分布函数通常可以表示如下。

$$f(p,a,b) = p_1 f_1(a_1,b_1) + p_2 f_2(a_2,b_2) + \cdots + p_i f_i(a_i,b_i) \tag{8-1}$$

不同组分需要选择适宜的分布类型。正态分布是元素含量分布函数中的常见类型,以正态分布的概率密度函数作为不同来源组分分布函数的原函数如下。

$$f(x,\mu,\sigma) = \frac{1}{\sqrt{2\pi}\sigma} e^{-\frac{(x-\mu)^2}{2\sigma^2}} \tag{8-2}$$

对实测数据进行频数分布分析后,以各组段硒元素含量最小值为自变量 x_i,以频率为因变量 y_i,根据式(8-1)和式(8-2),用最小二乘法计算各待定参数后,应用定积分计算不同组分来源正态分布函数的面积,从而计算出不同来源的贡献率。各组分含量贡献率的表达式如下。

$$\mathrm{Contr}(i,x_i) = \frac{p_i f_i(x_i, a_i, b_i)}{f(x_i, a, b)} \tag{8-3}$$

式中，$\mathrm{Contr}(i,x_i)$ 为样品中硒含量 x_i 的贡献率。

自然背景下，具有同一成土母质的土壤微量元素含量通常呈正态或对数正态分布，但外源输入的影响，使具有不同来源的微量元素含量的频数分布特征将偏离正态分布。概率累积曲线直观地反映元素含量的变化特征，因为具有同一来源呈正态分布元素含量概率累积往往呈直线。

以江山研究区为例，阐明该研究区外源输入对表层土壤硒的贡献情况。根据累积概率曲线的拐点，初步判定江山研究区硒主要来源于2组不同的组分（图8-9），组分A为自然来源组分，组分B则为来源于人类生产、生活和排污以及大气沉降等的外源输入组分。C组分处为地质高异常区，位于江山市贺村镇仕阳村，该处高硒主要来源于叶家塘组泥岩、夹煤层的风化搬运沉积吸附。

根据最小二乘法拟合，分离出硒元素的不同组分来源。分离结果的 R^2 接近1，通过显著性检验，拟合效果很好，拟合结果见表8-7，其中硒元素外源输入组分B的平均含量为 0.49mg/kg。

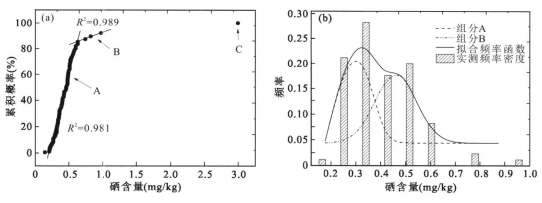

图8-9 江山研究区土壤硒含量累积概率分布（a）和江山研究区土壤硒元素不同来源组分频数密度函数（b）

根据比重系数 p 数据显示，江山研究区硒主要来源于自然组分（含碳质、硅质页岩，夹煤地层），贡献率达0.72；硒含量外源输入（煤的燃烧、水泥厂大气干湿沉降等）占0.28，表明该区富硒土壤具有一定的开发潜力，但同时要注意大气沉降通量的定期监测。

表8-7 江山研究区土壤硒元素不同组分来源参数拟合结果

拟合参数	组分A			组分B		
	p	μ	σ	p	μ	σ
硒	0.72	0.3	0.006	0.28	0.49	0.012

同样，对其他研究区使用该统计方法分离外源输入组分贡献率如表8-8所示，其中桐庐、余姚、南浔自然来源组分复杂，主要分为组分A、B两类。总之，各研究区硒主要来源于自然组分，人为来源所占比例少。所以，浙江省富硒土壤成因类型主要考虑地质背景因素。

表8-8 主要富硒区土壤硒元素不同组分来源参数拟合结果　　　　　　单位：%

研究区	组分A			组分B			组分C		
	p	μ	σ	p	μ	σ	p	μ	σ
桐庐	0.58	0.32	0.015	0.28	0.46	0.012	0.14	0.59	0.018
婺城	0.61	0.35	0.009	0.39	0.51	0.11			
余姚	0.18	0.32	0.11	0.76	0.36	0.026	0.06	0.54	0.035
诸暨	0.73	0.36	0.098	0.27	0.79	0.11			
南浔	0.87	0.37	0.018	0.11	0.53	0.077	0.02	0.69	0.115

第三节　天然与人工补硒条件下作物中硒赋存状态的差异

一、天然富硒条件下稻米中有机硒与无机硒的含量

通过测定秀洲、龙游和安吉三地普通土壤与富硒土壤上产生稻米的硒含量，可以发现秀洲、龙游和安吉富硒土壤中产出稻米的硒含量分别达到74.4μg/kg、68.6μg/kg和53.8μg/kg，分别高于《富硒稻谷》(GB/T 22499—2008)标准值的2.4倍、1.9倍、1.9倍，符合国家标准，说明调查区富硒土壤种植的水稻为富硒稻米。

通过分步过柱洗脱的方法，我们对龙游、安吉和秀洲地区稻米中硒的成分进行了分析。结果显示，三地普通稻米和富硒稻米中硒的贮存形态以有机态硒存在，其中氨基酸态有机硒含量约占2/3。无机态硒含量极低，仅在龙游富硒稻米中微量检出（表8-9）。这些结果表明，天然稻米中硒的贮存状态为有机硒，并以氨基酸态有机硒为主。

表8-9 龙游、安吉和秀洲地区稻米中水溶性硒价态分析　　　　　　单位：μg/kg

产地	非氨基酸态有机硒	氨基酸态有机硒	Se(Ⅳ)	Se(Ⅵ)	可溶性硒	总硒
龙游普通稻米	3.7±0.5	6.7	BLD	BLD	11.3±2.1	21.8±2.5
龙游富硒稻米	9.3±1.5	30.1±5.7	BLD	1.4±0.5	42.2±6.2	74.4±10.7
安吉普通稻米	3.2±0.6	6.0±2.1	BLD	BLD	12.0±1.7	23.6±3.8
安吉富硒稻米	11.4±2.3	28.8±2.0	BLD	BLD	45.6±3.4	78.6±6.8
秀洲普通稻米	3.0±0.9	6.9±2.2	BLD	BLD	10.9±2.0	18.7±2.6
秀洲富硒稻米	8.7±0.7	19.4±2.6	BLD	BLD	28.5±2.7	53.8±3.9

注：BLD表示低于检出限。

二、不同人工处理方式硒在水稻中的赋存状态差异

为了进一步研究不同形态硒及不同水稻的吸收部位对稻米中硒含量和成分的影响，通过在灌根和叶面喷施的手段，分析了不同形态硒在水稻体内的吸收转化规律。研究表明，在含相同量硒元素（400μg）的不同价态硒处理下，根灌不同形态硒处理效果均显著高于叶面喷施。在根灌中，负二价硒 Se(-Ⅱ)和六价硒 Se(Ⅵ)在水稻中的吸收效果好于四价硒(Ⅳ)；叶面喷施不同价态硒可以提高水稻叶面中硒含量，但不同价态间没有显著差异（图 8-10）。

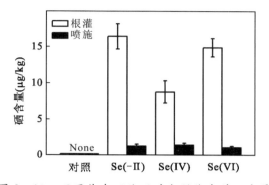

图 8-10 不同价态硒处理对水稻体内总硒含量

进一步研究表明，根施不同价态硒均能在水稻体内代谢转化为各种价态硒，其中，根施负二价硒 Se(-Ⅱ)、四价硒 Se(Ⅳ)和六价 Se(Ⅵ)的水稻中水溶态硒转化率分别为 27.7%、77.0%和 34.8%（表 8-10）。而叶面喷施不同形态的硒肥，水稻体内水溶态硒含量低，仅为根施的 7.4%~15.9%，且代谢转化率较低，主要赋存价态仍以施用价态为主。这些结果表明，硒肥通过根系吸收，吸收效率高，并能够被水稻主动代谢利用，以不同价态存储在植物体中；而通过叶面吸收的硒含量较少，且以被动吸收为主，在水稻体内的代谢转化效率较低。

表 8-10 不同价态硒处理对水稻体内水溶性硒形态的影响 单位：μg/kg

处理	非氨基酸态有机硒	氨基酸态有机硒	Se(Ⅳ)	Se(Ⅵ)	可溶性硒	总硒
对照	BLD	BLD	BLD	BLD	BLD	BLD
Se(-Ⅱ)根施	1.48±0.32	7.37±1.88	0.29±0.04	1.06±5.66	10.61±1.85	16.42±1.75
Se(-Ⅱ)叶施	0.55±0.02	0.73±0.15	BLD	0.02±0.01	0.85±0.11	1.3±0.34
Se(Ⅳ)根施	0.76±0.29	2.42±0.37	1.25±0.24	2.24±0.26	5.88±1.22	8.8±1.46
Se(Ⅳ)叶施	0.02±0.01	0.10±0.42	0.62±0.89	0.07±0.01	0.92±0.18	1.4±0.37
Se(Ⅵ)根施	0.41±0.05	2.04±0.42	0.12±0.07	6.02±0.78	9.24±1.39	14.8±1.30
Se(Ⅵ)叶施	BLD	0.07±0.03	BLD	0.59±0.02	0.86±0.10	1.1±0.22

单位：BLD 表示低于检出限。

三、天然硒和人工硒对稻米硒赋存状态的影响

选用硒含量最高的龙游地区水稻土为基准，参照农用亚硒酸钠 Se(Ⅳ)100μM 的喷花

施用硒肥方法,对盛花期的水稻花穗处理亚硒酸钠两次。结果显示,富硒土壤与普通土壤总硒和不同价态可溶态硒的含量及比例与田间样品测定结果相一致,稻米中可溶态硒绝大部分以有机硒形式存在(表8-11,图8-11)。喷花和土施硒肥均可以提高稻米中总硒含量,且与土壤和喷施硒肥的剂量有关。喷花与土施稻米中有机硒占总硒比例较低,分别为30.4%、49.7%,而天然富硒稻米中有机硒占总硒含量可达57.8%。这些结果表明,天然硒中有机硒含量比例最高,其硒品质最好,根施无机硒效果次之,花穗喷施硒肥后硒在水稻中的代谢转运比例较低,稻米中有机硒比例较低。

表8-11 龙游不同价态硒处理对稻米水溶性硒形态的影响 单位:μg/kg

处理	非氨基酸态有机硒	氨基酸态有机硒	Se(Ⅳ)	Se(Ⅵ)	总可溶性硒	总硒
普通土	2.3	6.9	BLD	BLD	10.1	19.1
富硒土	15.0	33.0	BLD	2.3	52.2	83.1
Se(Ⅳ)喷施	10.4	34.1	36.6	17.7	102.9	146.6
Se(Ⅵ)土施	35.2	70.3	8.4	16.7	138.9	212.2

注:BLD表示低于检出限。

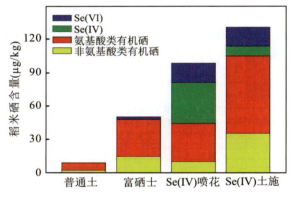

图8-11 不同价态硒处理对稻米中硒形态的影响

通过测定稻米中淀粉和蛋白质含量,发现天然硒和人工硒对稻米中淀粉含量没有显著影响,而天然富硒土、人工土施硒肥均能提高稻米中蛋白质含量,而喷花处理人工硒蛋白质含量变化不明显(图8-12)。测定不同处理稻米中氨基酸含量表明,天然富硒稻米中多种氨基酸含量有一定程度提高,而人工施用硒肥效果不明显(表8-12)。并且天然富硒土、两种人工施用硒肥均能够提高稻米中谷胱甘肽过氧化物酶活性,提高谷胱甘肽和维生素C的含量。此外,我们还测定了不同硒处理后稻米中矿质元素的含量。天然硒和人工硒处理均能提高稻米中钙、镁、锌和锰的含量,尤其对钙吸收具有显著的促进效果,但对稻米中铁含量没有影响(表8-13)。这些结果表明,天然硒水稻土栽培对稻米产量有一定增产效果,且能够提高稻米中蛋白质、氨基酸和活性成分含量,促进矿质元素在稻米中的积累,而人工硒处理也能够在一定程度上参与水稻生命代谢。

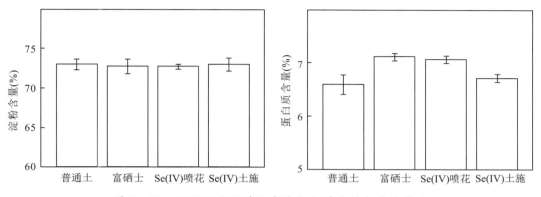

图 8-12 不同硒处理对稻米淀粉和蛋白质含量的影响

表 8-12 不同硒处理对水稻中氨基酸含量的影响　　　　　单位:mg/kg

氨基酸	普通水稻	富硒水稻	喷施硒肥	土施硒肥
天冬氨酸	5.23±0.12	5.48±0.08	4.95±0.10	5.39±0.08
苏氨酸	2.01±0.04	2.16±0.10	2.18±0.03	2.11±0.05
丝氨酸	3.11±0.13	3.20±0.07	3.15±0.09	3.23±0.10
谷氨酸	10.82±0.15	11.3±0.22	11.20±0.27	11.5±0.18
甘氨酸	2.55±0.03	2.92±0.06	2.60±0.11	2.88±0.10
半胱氨酸	3.27±0.05	3.15±0.13	3.18±0.06	3.20±0.05
丙氨酸	1.85±0.04	1.9±0.05	1.79±0.02	1.86±0.03
缬氨酸	3.99±0.11	4.06±0.09	4.1±0.07	4.15±0.13
甲硫氨酸	1.6±0.08	1.44±0.06	1.48±0.05	1.47±0.08
异亮氨酸	2.37±0.14	2.52±0.06	2.38±0.07	2.54±0.05
亮氨酸	4.65±0.15	4.68±0.09	4.68±0.14	4.74±0.17
络氨酸	3.01±0.05	3.17±0.08	3.11±0.07	3.15±0.10
苯丙氨酸	3.42±0.08	3.56±0.16	3.24±0.15	3.52±0.07
赖氨酸	2.25±0.12	2.4±0.08	2.26±0.09	2.46±0.11
组氨酸	1.31±0.07	1.35±0.05	1.3±0.01	1.4±0.02
精氨酸	4.93±0.11	4.88±0.10	4.89±0.06	4.96±0.06
脯氨酸	2.5±0.05	2.71±0.04	2.55±0.04	2.75±0.03

表 8-13　不同硒处理对稻米矿质元素含量的影响　　　　　　　　单位：mg/kg

处理	钙	镁	铁	锌	锰
普土	0.12±0.01	40.8±1.2	16.7±0.8	15.1±1.0	23.3±1.5
富硒土	0.86±0.06	74.0±2.5	15.0±1.2	27.2±1.8	36.4±1.3
Se(Ⅳ)土施	1.05±0.12	83.3±2.3	13.4±0.9	33.0±1.0	46.6±1.6
Se(Ⅳ)喷施	0.65±0.04	56.3±0.6	15.5±1.1	24.2±2.5	28.7±2.3

第四节　富硒土壤资源评价区划

水稻吸收土壤硒不仅与土壤硒含量有关，还与土壤的理化性质（pH值、有机质、Eh）、土壤硒形态等有关。以 0.40mg/kg 界定的富硒土壤未必能生产出富硒水稻（湖州、嘉兴地区），而相反硒含量低于 0.40mg/kg 的土壤未必不能生产出富硒水稻（金华婺城区）。因此，根据水稻富硒情况科学界定各类型富硒土壤限定含量对富硒土壤资源评价区划具有重要意义。

一、富硒土壤标准研究

本研究共收集表层土壤数据 17 306 件，水稻样品 2 519 件，其中有 1 308 套稻谷及根系土样品，314 件样品检测了土壤有效硒含量。经剔除平均值加减 3 倍标准离差的离散数据后，保留表层土壤数据 15 107 件。以上数据基本可以反映浙江省土壤和水稻硒含量水平，为浙江省富硒土壤标准的制定提供了坚实的数据支撑。

1. 土壤硒与水稻硒相关性研究

1）P 检验两者的相关性

土壤硒含量与水稻硒含量间的相关性如表 8-14 所示。在浙江省范围内水稻硒与土壤硒存在着显著的正相关性，但相关系数小，线性关系不明显，建立的线性回归方程可信度不高。从地球化学分区角度来看，Ⅰ、Ⅱ、Ⅲ、Ⅴ区水稻硒与土壤硒呈显著的正相关，且Ⅲ和Ⅴ的相关系数较高，然而Ⅳ和Ⅵ区两者之间没有相关性，说明土壤硒含量是影响水稻硒含量高低的因素之一，但受地质环境、土壤环境等因素的影响，两者之间并非简单的线性关系。两者的相关性在全省和各地球化学分区之间未能形成统一，通过建立线性回归方程，由《富硒稻谷》（GB/T 22499—2008）标准值推导土壤硒含量的方法，在全省建立统一的标准是不可行的，需要从其他科学角度搭建两者之间的桥梁。

表 8-14　土壤硒与水稻硒间显著性相关关系表

项目	全省 (n=1 308)	Ⅰ (n=701)	Ⅱ (n=218)	Ⅲ (n=25)	Ⅳ (n=297)	Ⅴ (n=29)	Ⅵ (n=38)
相关系数	0.129**	0.331**	0.154*	0.580**	ND	0.449*	ND

注：ND 表示两者没有相关性，下同。

2）均一化处理两者的相关性

为了进一步明确水稻硒与土壤硒之间的相关关系，将所有土壤硒数据进行分组处理，组数为 $n^{\frac{1}{2}}+1$，组距为极差值/组数，求各组数据对应的土壤硒含量及水稻硒含量的平均值，得到点对点数据并建立回归方程（图 8-13）。数据经均一化处理后，水稻硒与土壤硒间的正相关性明显提高，说明土壤硒含量在很大程度上影响着水稻硒含量的高低，土壤硒含量是影响评价水稻硒含量高低的重要因素之一。因此，土壤硒含量应当作为富硒土壤标准的重要指标。

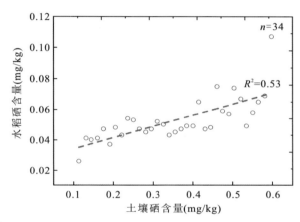

图 8-13　均一化处理后水稻硒含量与土壤硒含量线性回归方程图

2. 影响土壤硒有效性的因素研究

1）土壤理化性质与水稻硒含量的关系

pH 值与有机质是土壤的两种主要理化性质，也是影响水稻吸收硒的主要因素。pH 值主要影响硒在土壤中存在的形态与价态，有机质主要影响土壤对硒的固持能力。表 8-15 为土壤理化性质与水稻硒间显著性相关关系表。pH 值与水稻中的硒含量无明显的相关性，仅Ⅰ区两者呈微弱的正相关，Ⅲ区两者呈负相关。说明 pH 值对水稻吸收硒的影响不显著，且浙江省主要为酸性、弱酸性土壤，土壤中硒主要以四价硒形式存在，各区各采点间 pH 值差异不大。因此，pH 值可以不作为土壤富硒评价标准的指标。

表 8-15　土壤理化性质与水稻硒间显著性相关关系表

相关性	全省 (n=1 308)	Ⅰ (n=701)	Ⅱ (n=218)	Ⅲ (n=25)	Ⅳ (n=297)	Ⅴ (n=29)	Ⅵ (n=38)
pH	ND	0.166**	ND	−0.712**	ND	ND	ND
有机质	0.126*	0.161**	0.163**	ND	0.142**	0.122**	0.131*

有机质与水稻硒含量间呈显著的正相关，说明有机质可在一定程度上影响着水稻

对土壤硒的吸收。由于有机质对土壤硒的固持能力,有机质与土壤硒含量呈显著的正相关性(表8-16),同时土壤硒与水稻硒间存在显著正相关,故有机质与水稻硒含量间呈显著的正相关并不能完全表明有机质能促进水稻对硒的吸收。

表8-16 有机质与土壤硒间显著性相关关系表

相关性	全省 ($n=1\,308$)	I ($n=701$)	II ($n=218$)	III ($n=25$)	IV ($n=297$)	V ($n=29$)	VI ($n=38$)
有机质	0.441**	0.495**	0.436**	0.570**	0.238*	0.441**	0.276*

2)有机质与水稻硒富集系数的关系

水稻硒富集系数综合考虑土壤硒与水稻硒的相互关系,可以从一定程度反映水稻对土壤硒吸收作用的强弱。从表8-17中可以看出,有机质与水稻硒富集系数间存在显著的负相相关性。说明有机质在水稻吸收硒的过程中主要起屏障作用,有机质含量越高,土壤对硒的吸附固定能力越强,虽然土壤中硒的含量越高,但不利于水稻对土壤硒的吸收。因此,有机质应当作为浙江省富硒土壤评价标准指标之一。

表8-17 有机质与水稻硒富集系数间显著性相关关系表

相关性	全省 ($n=1\,308$)	I ($n=701$)	II ($n=218$)	III ($n=25$)	IV ($n=297$)	V ($n=29$)	VI ($n=38$)
有机质	−0.245**	−0.098**	−0.197**	−0.247**	−0.149*	−0.103*	0.231*

综上所述,土壤硒含量、有效硒含量、土壤有机质含量是影响土壤硒含量及水稻对土壤硒吸收的关键性因素。无论从浙江省范围还是从地球化学分区角度来看,3个指标对水稻硒的吸收影响效果是一致的。所以,浙江省可以通过土壤硒含量、有效硒含量、有机质含量指标的分级采用统一的富硒土壤评价标准。

3. 标准主要指标的确定

1)土壤有机质含量分级

研究表明土壤硒含量与有机质含量呈正相关关系,硒在土壤中的地球化学行为受控于土壤中的有机质含量。有机质不仅对土壤吸附硒起着重要的作用,同时也对水稻吸收硒起着至关重要的作用。有机质在一定范围内影响水稻对土壤硒的吸收,当有机质含量过高时,有机质的屏障作用越明显,水稻硒的富集系数越低。参照《土地质量地球化学评价规范》(DZ/T 0295—2016),将有机质主要分为三级:一级(≥3%),二级(2%~3%),三级(≤2%)。

2)水稻富硒率含量分级

水稻富硒率含量分级引用地球化学迭代剔除统计法,将高于平均值+1.5倍标准偏差定义为地球化学异常区。六大分区水稻富硒率平均值为48%,标准偏差为15%,计算得出浙江省水稻富硒率地球化学异常值为70.5%。因此将富硒率达到70%定义为富硒土壤限定值(三级)。将80%的富硒率定义为二级富硒土壤,90%定义为一级富硒土壤。

3) 富硒土壤硒含量分级

研究表明水稻硒含量与土壤硒含量存在显著的正相关性,但不足以建立线性回归方程,说明水稻硒含量会随着土壤硒含量的增加而呈不规律性的增大。所以采用地球化学统计的方法,引入水稻富硒率的概念,随着土壤硒含量的增加,富硒率必然增大,故以富硒率作为土壤硒含量分级的主要依据是可行的。

参照《富硒稻谷》(GB/T 22499—2008),稻谷富硒率计算公式为大于或等于0.04mg/kg的样本数/总数×100%,相应稻谷富硒率的土壤硒标准值界定方法如下。

a. 将土壤硒含量从小到大排列。

b. 利用COUNTIF函数计算富硒样本数,富硒率为:COUNTIF(样本区间,">=富硒稻米界定值")/COUNT(样本区间)×100%。

c. 相应富硒率所对应的土壤硒含量界定为富硒土壤硒含量分级限定值。

基于稻米达到一定富硒率的富硒土壤硒含量评价分级标准值如表8-18所示。

表8-18 浙江省基于稻谷富硒的富硒土壤评价标准($n=1\,308$)

有机质	土壤分级			
	非富硒土壤	三级富硒土壤	二级富硒土壤	一级富硒土壤
≤2%	<0.34	0.34~0.37	0.37~0.50	0.50~3.0
2%~3%	<0.37	0.37~0.39	0.39~0.42	0.42~3.0
≥3%	<0.44	0.44~0.48	0.48~0.56	0.56~3.0

二、富硒土壤标准验证

富硒土壤是开发天然富硒农产品的先决条件,目前中国尚未统一富硒土壤评价标准,地球化学研究者依据土壤硒含量的高低进行了分级,并予以了地球化学定义。如谭见安(1987)从生态景观角度把土壤硒划分为缺乏(≤0.125mg/kg)、边缘(0.125~0.175mg/kg)、中等(0.175~0.40mg/kg)、高(0.40~3.0mg/kg)和过剩(≥3.0mg/kg)5个等级。李家熙(2000)认为0.1~0.2mg/kg之间为低硒土壤,0.2~0.4mg/kg之间为中硒土壤,大于0.4mg/kg为富硒土壤。根据传统经验,定义土壤硒含量大于0.4mg/kg为富硒土壤。采用浙江省西北部土地环境地质调查与应用示范项目典型研究区相关数据进行验证,采用传统标准和新标准对研究区的土壤进行富硒评价,再统计富硒土壤对应的水稻富硒率,浙江省富硒土壤标准准确性如表8-19所示。

金华市婺城区出现传统标准筛选出富硒土壤件数13件,新标准筛选出富硒土壤17件;余姚市传统标准筛选出富硒土壤4件,新标准筛选出富硒土壤5件。说明低于

0.4mg/kg 的土壤也能生产出富硒大米,采用传统意义上的富硒土壤标准对浙江省富硒土壤的圈定存在较大的误差。

表 8-19 富硒土壤标准验证表

水稻富硒率	海盐($n=44$)	嘉兴($n=73$)	婺城($n=37$)	龙游($n=26$)	余姚($n=50$)
新标准(%)	75.0	54.5	100.0	80.0	100.0
传统标准(%)	33.3	23.8	100.0	66.7	100.0

三、富硒土壤评价

浙江省富硒土壤评价图如图 8-14 所示。浙江省富硒土壤分布面积较广,富硒耕地面积达 1 018 万亩,占总耕地面积的 37.3%,与用 0.4mg/kg 的标准得出的评价结果(522万亩)相比,富硒耕地面积增大近一倍。其中一级富硒土壤主要分布于安吉、富阳、萧山、金华、江山一带,东部沿海地区也有零星分布,分布面积达 352 万亩,占富硒耕地的

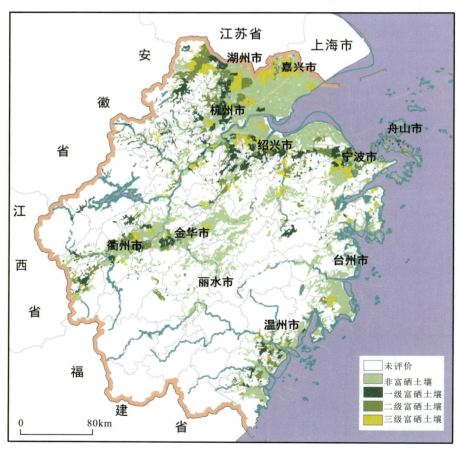

图 8-14 浙江省富硒土壤评价图

34.6%,总调查区耕地面积的 12.9%。二级富硒土壤主要分布于衢江区、婺城区、诸暨市、绍兴市、湖州市,面积达 436 万亩,占富硒耕地的 42.8%,占调查区耕地总面积的 15.9%。三级富硒土壤主要分布于长兴县及嘉兴、湖州等浙北平原区,宁波等沿海地区也有少量分布,面积达 230 万亩,占富硒耕地面积的 22.6%,总调查区耕地面积的 8.4%。

四、富硒土壤资源综合评价

富硒土壤资源的评价涉及到富硒土壤作为资源的开发利用问题,在富硒土壤评价的基础上,还要考虑土壤的生态效应,主要考虑重金属污染状况,可参照《土壤环境质量农用地土壤污染风险管控标准》(GB 15618—2018)。表层土壤环境质量等级在单元素污染程度评价的基础上,应用一票否决法对评价区环境质量进行综合评价。

富硒土壤资源综合评价主要分为 4 个等级,如表 8-20 所示。根据划分标准,对浙江省永久基本农田进行富硒土壤资源综合评价,为富硒土壤开发保护利用提供科学依据,结果如图 8-15 所示。

表 8-20 富硒土壤资源评价等级标准

土地污染程度	硒等级		
	一级富硒土壤	二级富硒土壤	三级富硒土壤
清洁	一等	一等	一等
轻微污染	一等	一等	二等
轻度污染	二等	二等	三等
中度污染	三等	三等	四等
重度污染	四等	四等	四等

浙江省土壤总体呈清洁状态,富硒土壤资源较丰富。一等富硒土壤资源分布于浙西北地区(湖州市、嘉兴市、杭州市、金华市、衢州市),分布面积达 968 万亩,占富硒耕地总面积的 95.1%,占调查区耕地总面积的 35.5%。二等富硒土壤资源零散分布于桐庐、诸暨、绍兴、宁波,分布面积较少,约为 35 万亩,占富硒耕地总面积的 3.4%,占耕地总面积的 1.3%。三等富硒土壤资源仅分布在宁波鄞州区和温州的瓯海区,面积为 4 万亩,占富硒耕地总面积的 0.37%。四等富硒土壤资源分布于常山县和桐庐县,临海市也有少量分布,面积为 1 万亩,占富硒耕地总面积的 1.2%。

五、浙江省富硒土壤区划

1. 区划方法

浙江省地貌类型可以分为煤山-安吉丘陵河谷平原亚区、杭嘉湖水网平原亚区、萧山-

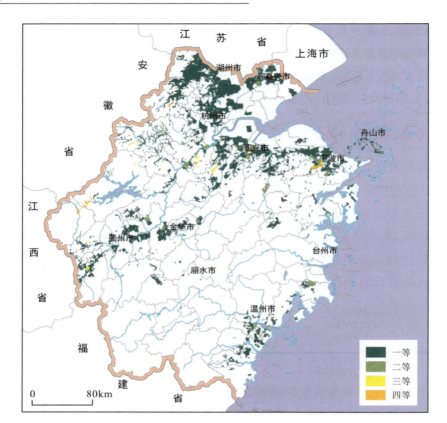

图 8-15 浙江省富硒土壤资源综合评价图

慈北河口滨海平原亚区、萧绍宁水网平原亚区、舟山岛屿亚区、临安-建德丘陵谷地亚区、浦江-诸暨盆地亚区、新昌-嵊州盆地亚区、象山港-三门湾亚区、淳安-开化低中山亚区、金华-衢州盆地亚区、永康-南马盆地亚区、天台-仙居盆地亚区、常山-江山盆地亚区、龙泉-松阳中山谷地亚区、台州湾椒江河口平原亚区、泰顺-青田中山亚区、乐清湾-沙埕港低山丘陵亚区。

在划分地貌类型的基础上，根据土地利用现状，将浙江省富硒土壤资源划分为优先开发区、一般开发区、潜力开发区、不宜开发区。各分区依据如表 8-21 所示。

表 8-21 浙江省富硒土壤区划依据

分区	富硒土壤级别	地貌特征	土地利用现状
优先开发区	一等、二等	平原-盆地区、河口平原区	耕地、园地
一般开发区	一等、二等	丘陵山地区、中山谷地区、低中山区	耕地、园地
	三等	平原-盆地区	
潜力开发区			林地、草地
不宜开发区	四等		

各分区的主要特点如下。

优先开发区:分布于平原盆地区的水田、旱地、茶园、果园等,基本农田保护区、农业两区等重点农业生产区,土壤为一等、二等富硒土壤,能够种植无公害富硒农产品,可开发利用程度高,农业基础设施完善。

一般开发区:分布于平原-盆地区的主要耕地区,土壤为三等富硒土壤;丘陵山地区的富硒土壤,因受地理位置、交通条件、农业基础设施的影响,开发利用程度低。该区适合少量农产品及花卉苗木的种植。

潜力开发区:分布于林地、草地等现阶段不种植农产品的富硒土壤,一定程度上不适宜退林还耕,适宜果树、苗木、畜牧、富硒生态农业旅游观光等产业的开发利用。

不宜开发区:主要分布于四等富硒土壤区,重金属呈中度、重度污染,不适合可食用类农产品的开发。

2. 浙江省富硒土壤区划

浙江省富硒土壤综合区划结果如图 8-16 所示,优先开发区主要分布于衢州市常山、江山、衢江等地区,金华市婺城区,杭州市萧山区,湖州市,绍兴市。一般开发区分布较分散,主要为长兴、建德、嵊州。潜力开发区分布面积广,主要分布在浙西的山地丘陵区天目山一带。浙江省富硒土壤不宜开发区主要分布在桐庐、宁波鄞州等局部地区。

第五节　富硒土壤开发利用现状

2003 年,龙游县依据富硒土壤调查资料,率先开展了富硒土壤的开发利用,经数年发展,富硒农产品已成为当地的一个新产业。继龙游县之后,瑞安市、金华市婺城区、安吉县、嘉善县、海盐县、嘉兴秀洲区等地也先后开展了富硒土壤开发利用示范工作。

一、龙游县横山镇

截至目前,龙游县横山镇已建成富硒莲子项目种植基地 1.2 万余亩,年产富硒莲子 1 200 余吨;富硒大米种植基地 1 万余亩,年产富硒大米 7 000 余吨;著名的天池村荷花观赏园吸引游人和摄影爱好者纷至沓来,衍生出的农家乐产业,给当地农户带来了 6 亿多元的经济收入。

二、金华市婺城区蒋堂镇

金华市一级富硒土壤面积达 19.26 万亩,二级富硒土壤面积达 53.35 万亩,三级富硒土壤面积达 42.33 万亩。土壤主要特点是硒含量适中,有机质含量适中,有利于农产品对硒的富集,同时地质风化来源的重金属含量低,适合优质富硒土壤的开发。

其中婺城区蒋堂镇富硒土地面积约 1.85 万亩,占富硒区总耕地面积的 61.67%。2009 年以来,浙江省地质调查院与浙江旺盛达食品商贸有限公司建立了富硒土壤开发示

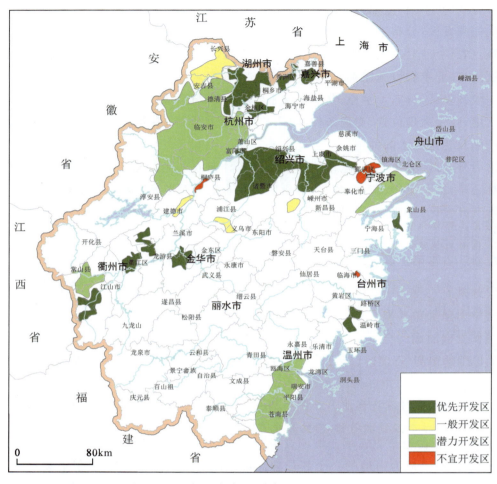

图 8-16 浙江省富硒土壤综合利用区划图

范基地,占地约 1 000 亩(富硒稻谷 450 亩,西兰花 300 亩,毛豆 100 亩,番薯 100 亩,花生 50 亩)。基地采用现代化的生产和管理技术,采用无公害生产模式,其产品远销海外,取得了显著的社会经济效益。

目前,蒋堂镇已累计建立粮食功能区 11 325 亩、无公害富硒米基地 3 726 亩、农业生产粮食中心 2 个、万亩温室育秧中心,实现年农业机械育秧、机插过万株;已完成大规模高标农田建设 8 000 亩,另有 5 113 亩正在建设中。

三、安吉县上墅乡

根据《浙江省安吉县农业地质环境调查报告》,安吉县上墅乡稻谷硒含量在 0.04～0.07mg/kg 之间,达到了《富硒稻米》(GB/T 22499—2008)标准;富硒地带总面积 23.25 万亩,其中富硒耕地面积 1.125 万亩,在富硒土壤上种植的农作物如水稻、竹笋等经检测均为富硒农产品。

抓规划，定基础。上墅乡坚持"特色、优质、生态"的发展理念，有规划、有标准、有规模地开发富硒产业，重点培育富硒大米、富硒笋两大主导产业，兼顾发展富硒果蔬、富硒旱作物、富硒龟鳖3个辅助产业。建立无公害富硒早园笋生产基地3 150亩、无公害富硒毛笋生产基地8 385亩、有机富硒稻米生产基地3 420亩、有机蔬菜生产基地2 970亩、特色旅游开发区2 010亩。

四、嘉善县干窑镇

2009年"嘉善县基本农田质量调查"项目对嘉善全县范围内基本农田土壤地球化学质量进行了详细的调查与评价，发现了85 500亩的富硒土壤，其土壤硒含量在0.4～3.0mg/kg之间，分布最为集中的区域为红旗塘南岸的干窑—姚庄一带。

干窑镇一级富硒土壤面积4 440亩，可利用面积约2 300亩。2010年6月，干窑镇在干窑村、黎明村建立富硒稻米生产基地（1 000亩）。合作社对示范区的晚稻种植实行统一品种、统一育秧、统一机插、统防统治、统一机械收割和加工销售的一条龙标准化生产操作。

2012年，干窑镇曾召开"富硒农业发展之路"千窑论坛，邀请全国硒研究专家为富硒土壤和富硒农产品开发出谋划策；2012年、2013年在上海市、杭州市召开嘉善县精品农业暨干窑精品农产品推介会。目前，干窑富硒大米已陆续进入嘉兴市城南路天天农展会、南湖区农产品销售中心、杭州新田园农产品股份有限公司及上海西郊嘉兴馆等大型卖场超市，成为市民饭桌上的健康选择。此外，今年干窑镇还将逐步开发富硒果蔬农产品，抓好300亩"范泾草莓"精品园及1 000亩甜瓜、南瓜、莴笋等农产品的富硒开发试点，争创精品农业示范镇。

第九章　碘的生态地球化学研究与生态补碘区划

中国是世界上"碘缺乏病"(IDD,Iodine Deficiency Disease)流行最严重、最广泛的国家之一,约有7.27亿人口受到碘缺乏的威胁。食盐加碘是目前被各国普遍采用的防治 IDD 的方法,从 20 世纪 90 年代开始,中国政府采取了全民食用加碘盐的措施。食盐中添加的无机碘(KI 或 KIO_3),不稳定,易挥发,摄入过量与碘缺乏一样,均会对机体产生不良的生物学效应。因此,想要避免食用加碘盐所存在的缺陷,需要建立新的科学补碘方法。

植物食品中所含的微量元素是进行人体微量元素调控的理想产品,植物从土壤中吸收无机态的微量元素,经一系列生化反应可转化为生物活性态,能够很好地被人体所吸收,且无生理毒副作用。在正常情况(不食用加碘盐)下,人体中 80% 以上的碘来自植物性食品。植物性食品中的碘主要来源于土壤,土壤中碘的背景含量及其生物可给性,最终决定了人体对碘的摄入量是否能够满足机体代谢的需要。由于土壤性质在空间上的强烈变异,导致环境碘的分布变异较大,这可能是某些地区碘元素异常的原因之一。实践表明改善缺碘地域的生态系统最有效的方法就是对缺碘的耕种土壤施加外源碘,增加土壤中植物可吸收利用的碘含量,这将是人体自然补碘最直接的途径和最有效的方法,也是从根本上消除 IDD 的关键。

本书通过探索浙江省土壤碘的分布特征,计算居民膳食碘摄入量,划分碘缺乏等级区,结合碘的环境地球化学性质,开展生态补碘的机制研究,通过选择典型的缺碘生态环境,以海藻碘有机矿肥作为土壤外源碘,进行植物碘强化试验,在深入系统地研究生态补碘机制和评价其生态环境效应的基础上,建立应用示范,最后进行浙江省生态补碘区划。

第一节　碘的生态地球化学研究

全面调查分析土壤中碘的分布特征及影响因素、植物碘的含量水平和居民膳食碘摄入水平,是开展浙江省碘的生态地球化学分区和补碘区划的基础。

一、浙江省土壤碘含量及其影响因素

收集整理浙江省农业地质环境调查、浙江省西北部土地环境地质调查与应用示范、浙西北地区 1∶25 万多目标区域地球化学调查等项目数据及资料,综合分析浙江省土壤碘的分布特征及其影响因素。

1. 浙江省表层土壤碘含量

通过对浙江省1:25万多目标区域地球化学调查数据的梳理及统计,制作了浙江省土壤碘含量评价图(图9-1)。全省表层土壤碘数据共 16 751 个(除近海滩涂),碘缺乏(≤1.0mg/kg)、碘边缘(1.0～1.5mg/kg)、碘适量(1.5～5.0mg/kg)和碘高量(≥5.0mg/kg)土壤点位率分别为 7.32%、15.12%、52.96% 和 24.60%。浙江省碘缺乏和碘边缘土壤占比达到 22.44%。

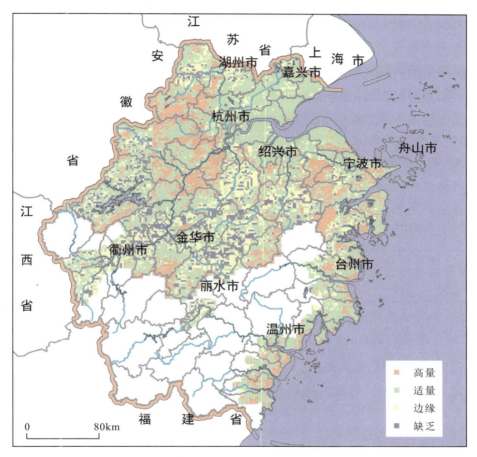

图 9-1 浙江省表层土壤碘含量评价图

浙江省土壤碘高量区主要分布在沿海、海湾地区及海拔较高的山区,沿海地区土壤碘主要原因是受海洋气流碘沉降和地质背景碘双重影响;海拔较高的山区土壤碘含量高的主要原因是山顶及山坡上土壤风化程度低,土壤碘流失少。土壤碘缺乏区主要位于浙中盆地,浙北平原也有少量土壤碘缺乏区,主要受地质背景和地形地貌双重影响导致表层土壤碘含量很低。

根据地级市汇总,丽水市共有 254 个表层土壤样品,其中 21.65% 样品为碘缺乏点位,其次为衢州市(17.65%)、金华市(16.16%)。而碘高量土壤样品占比较高的分别为舟山市(75.31%)和宁波市(40.02%),说明金华市、丽水市和衢州市等浙中盆地区土壤碘含量较低,舟山市和宁波市等沿海地区土壤碘含量较高(表9-1)。

表9-1 各地级市碘缺乏和碘高量样点数及比例

地级市	总样品数(个)	碘缺乏		碘高量	
		样品数(个)	比例(%)	样品数(个)	比例(%)
杭州市	4 189	232	5.54	1 312	31.32
湖州市	1 437	75	5.22	471	32.78
嘉兴市	948	8	0.84	6	0.63
金华市	2 754	445	16.16	376	13.65
丽水市	254	55	21.65	29	11.42
宁波市	2 164	30	1.39	866	40.02
衢州市	963	170	17.65	38	3.95
绍兴市	2 018	183	9.07	316	15.66
台州市	986	26	2.64	233	23.63
温州市	718	1	0.14	232	32.31
舟山市	320	2	0.63	241	75.31
汇总	16 751	1 227	7.32	4 120	24.60

2. 影响土壤碘含量与分布的因素分析

1)成土母质对土壤碘含量的影响

岩石在表生作用下,形成的各类风化残积物、沉积物是土壤的成土母质。成土母质元素含量与风化成土过程、土壤质地及人类活动影响等因素密切相关。不同的成土母质碘含量不同,形成相应土壤的碘含量也不同。由数据分析可知,成土母质碘含量与其形成的土壤碘含量呈显著正相关关系(图9-2),说明土壤碘含量与成土母质关系密切。

2)土壤理化性质对土壤碘含量的影响

一般来说,土壤有机质和黏粒含量越高,其吸附碘量就越多(Aubert et al,

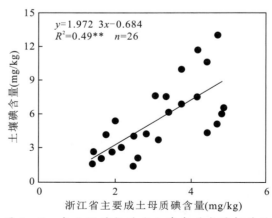

图9-2 成土母质与对应土壤中碘含量相关性

1977;黄益宗等,2003)。本研究结果也证实了这一结论,土壤碘含量与土壤黏粒、有机碳均呈极显著的正相关关系(图9-3),说明土壤有机质和黏粒对碘的吸附能力都较强。

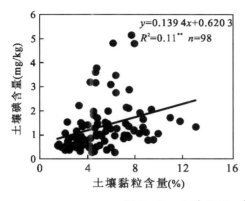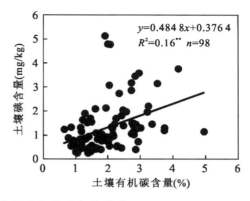

图 9-3 土壤黏粒、有机碳与碘含量的相关关系

土壤酸碱度被认为是影响土壤碘含量的重要因素之一,通过影响土壤碘的形态进而影响土壤碘含量(谢伶莉,2006)。本研究结果也显示,土壤 pH 值与碘含量呈现极显著的正相关关系,表明在一定范围内随着土壤 pH 值的增强,土壤碘含量有增加的趋势。

土壤中的铁铝氧化物也可吸附碘,对土壤中碘的保留具有很重要的作用(Whitehead,1979)。如图 9-4 所示,不论是土壤 Fe_2O_3 还是 Al_2O_3 含量,均与土壤碘含量呈极显著的正相关关系($p<0.01$),表明在一定范围内,随土壤铁铝氧化物含量增加,土壤碘含量有增加的趋势。

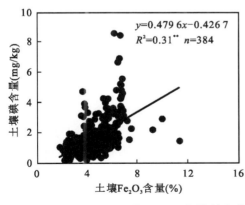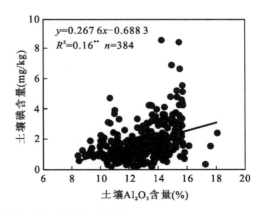

图 9-4 土壤铁铝氧化物与碘含量的相关关系

3)离海距离对土壤碘含量的影响

本研究选择了平均离海距离分别约为 10km 的温岭、100km 的青田、200km 的婺城、300km 的江山等地进行详查,分析离海距离对土壤碘含量的影响。

从表9-2可知,在离海0~300km范围内,土壤碘含量先降低后升高,温岭土壤碘含量最高,婺城和江山的土壤碘含量居中,青田土壤碘含量最低。

表9-2 浙江省沿海至内陆地区农田土壤碘含量

区域	pH值	有机碳(%)	全碘(mg/kg)	水溶性碘(mg/kg)	黏粒(%)
温岭	6.01	2.35	3.80	0.06	6.74
青田	5.13	1.21	0.62	0.02	3.73
婺城	5.25	1.82	1.36	0.01	7.02
江山	5.39	2.19	1.21	0.01	6.38

青田土壤碘含量低的原因可能有两个:一是受雁荡山-天台山脉等地貌屏障的阻挡,来自海洋的中低位气流受山脉阻隔仅能沉降在东侧,造成沿海地区土壤碘含量受大气干沉降影响显著大于内陆地区;二是青田土壤黏粒和有机质含量偏低,而这两者对碘的吸附能力较强。

综上所述,通过影响土壤碘含量的因素分析,可得出以下结论。

(1)母岩中的碘含量虽然远小于土壤,但母岩的化学成分和结构、构造对土壤固持碘的能力产生影响,是土壤碘含量的主要影响因素之一。

(2)土壤理化性质,尤其是土壤有机质、pH值、铁铝氧化物和黏粒含量,决定着土壤固持碘的能力,是影响土壤碘含量与分布的主要因素。

(3)海洋和大气也是土壤碘含量的主要影响因素之一,其对沿海地区的影响高于内陆。

二、浙江省农产品碘含量及其影响因素

1. 浙江省农产品碘含量分布特征

浙江省主要农业种植区的稻谷碘含量数据统计结果如表9-3所示。数据表明,浙东沿海稻谷碘含量显著高于浙北平原,浙中盆地稻谷碘含量则最低,但后两者之间无显著区别。这与主要农业种植区土壤碘的含量高低相对应。

表9-3 浙江省主要农业种植区稻谷碘的含量特征

农业种植区	样品数(件)	平均值	离差	变异系数
浙北平原	103	3.89×10^{-8}	1.89	48.68%
浙东沿海	67	5.01×10^{-8}	1.26	25.11%
浙中盆地	119	3.48×10^{-8}	2.35	67.68%

蔬菜碘含量数据分析也表现出了浙东沿海高于内陆的规律。图 9-5 显示了姚江河谷平原和丽水碧湖盆地蔬菜作物食用部分碘含量的对比。从图中可以看出，姚江河谷平原所产蔬菜作物的食用部分碘含量总体上高于丽水碧湖盆地所产蔬菜作物食用部分的碘含量，前者的平均值为 0.78mg/kg（如果以鲜重计，则相当于 78μg/kg），为后者的 1.4 倍。其中，姚江河谷平原所产包心菜、白萝卜、芹菜、青菜、青蒜、菜薹、紫菜薹、雪里蕻等蔬菜作物中的碘含量显著高于丽水碧湖盆地所产同种蔬菜作物的碘含量。

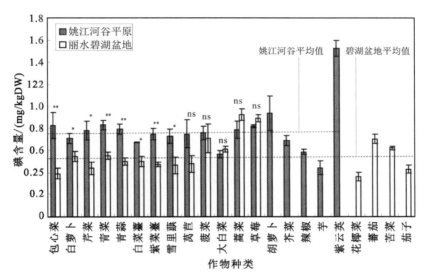

图 9-5 姚江河谷平原和丽水碧湖盆地蔬菜作物食用部分碘含量的对比

ns. 差异不显著

2. 影响农产品碘含量与分布的因素分析

作物通过根部以被动吸收的方式吸收土壤中的碘，也可通过叶面从空气中吸收碘（顾爱军等，2004），因此农产品的碘含量与分布既受作物品种的影响，也受土壤碘含量、土壤固持碘的能力及大气碘含量等因素影响。

虽然农产品碘含量受多种因素影响，但土壤碘含量对稻谷碘还是有着显著的影响，稻谷碘含量与土壤碘含量呈极显著的正相关关系（图 9-6）。蔬菜碘含量也与土壤碘含量呈正相关关系。姚江河谷平原表层土壤中碘含量明显大于丽水碧湖盆地，产自前者的蔬菜可食用部分的碘含量也同样高于产自后者的蔬菜（表 9-4）。

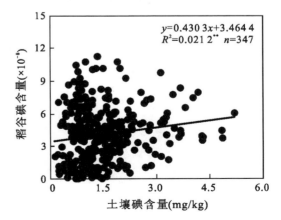

图 9-6 稻谷碘含量与土壤碘含量的相关关系

表 9-4　表层土壤、蔬菜作物样品碘含量　　　　　　　　单位：mg/kg

碘含量	表层土壤		蔬菜作物	
	丽水碧湖盆地	姚江河谷平原	丽水碧湖盆地	姚江河谷平原
最小值	1.27	12.87	0.368	0.444
最大值	2.33	26.53	0.927	1.527
平均值	1.65	19.35	0.567	0.778

土壤理化性质，如土壤 pH 值、有机碳、Fe_2O_3、Al_2O_3 含量等也影响着作物对土壤碘的吸收，进而影响作物碘含量（图 9-7）。经统计分析，稻谷对土壤碘的吸收系数与土壤 pH 值呈极显著的负相关关系，说明在一定的范围内，随着土壤 pH 值的增加，作物吸收土壤碘难度增加。碱性土壤不利于稻谷对土壤碘的吸收，这与在碱性土壤中碘元素主要以碘酸根离子存在，不易被迁移有关。稻谷对土壤碘的吸收系数与土壤有机碳、Fe_2O_3、Al_2O_3 含量也呈极显著的负相关关系，说明土壤有机碳及铁铝氧化物对碘的固持能力较强，随着其含量的增加，稻谷对土壤碘的吸收减少。有研究表明，有机质吸附碘是由于土壤生物区系对碘的固定，这部分碘与有机质牢固结合，不易被生物所吸收，因此一般情况下土壤有机质含量越高，其吸附的碘量就越多，但在这种土壤上生长的作物也较易缺碘

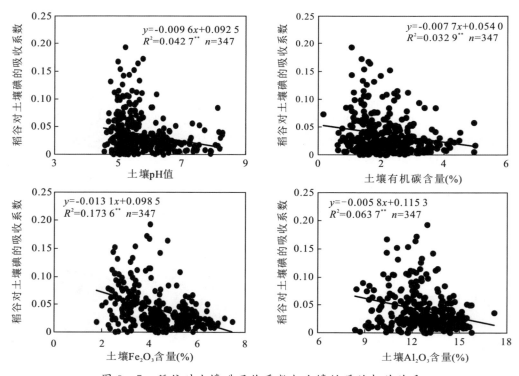

图 9-7　稻谷对土壤碘吸收系数与土壤性质的相关关系

(Muramatsu et al,1989)。

综上所述,农作物碘含量浙东沿海区域总体上要高于内陆地区,其与土壤碘呈正相关关系,其中稻谷碘含量与土壤碘呈极显著的正相关关系,说明土壤碘是决定农作物碘含量的主要因素之一。因此,通过对土壤施加碘肥的方式提高食物链中作物碘的营养水平从而来提高人们对碘的摄入量是可行的。

三、浙江省居民膳食摄入碘

在评价碘缺乏或过量的潜在风险时,采用人群碘摄入量与平均需要量(EAR)、推荐摄入量(RNI)和可耐受最高摄入量(UL)比较进行综合判断的方法,以此来评价浙江省人群膳食碘摄入的安全性。当个体的碘摄入量低于 EAR 时,发生碘缺乏的风险高于 50%;当个体的碘摄入量介于 RNI 和 UL 之间时,发生碘缺乏和中毒的风险都很低,是一个"安全摄入范围"。

结合浙江省疾病预防控制中心的《浙江省居民膳食碘摄入状况分析》和国家食品安全风险评估专家委员会的《中国食盐加碘和居民碘营养状况的风险评估》等报告数据,对浙江省居民的碘营养状况进行评价。利用项目中各地市农作物碘含量及饮用水碘含量实际测试结果,结合浙江省各地市居民膳食结构数据,计算浙江省各地市居民实际膳食碘摄入量,进而分析浙江省各地市人群膳食碘摄入状况。经计算,浙江省各地市居民实际膳食碘摄入量(不包括加碘食盐)最高的是宁波市、台州市、温州市和嘉兴市,居民实际膳食碘摄入量均值为 190μg/d;其次为绍兴市、湖州市和杭州市,居民实际膳食碘摄入量均值为 175μg/d;最低的为金华市、衢州市和丽水市,居民实际膳食碘摄入量均值为 161μg/d。虽然计算得出的浙江省居民实际碘摄入量(不包括加碘食盐)均值高于中国营养学会碘推荐摄入量 150μg/d,且宁波市居民膳食碘摄入量低于碘推荐摄入量的比例仅为 2%,但丽水市居民膳食碘摄入量低于碘推荐摄入量的比例仍有 31%(图 9-8)。考虑到传统食盐补

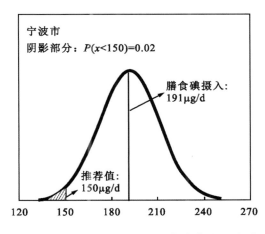
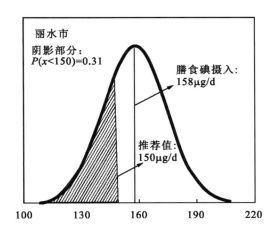

图 9-8 宁波市和丽水市居民膳食摄入碘概率分布函数

碘方法的局限性,若不摄取加碘食盐,碘实际摄入量不足的风险将非常大。因此,有必要探索更为丰富的富碘食品以开拓新的补碘方法,以适应不同地区、不同人群的不同需要。

第二节 生态补碘研究及应用示范

一、海藻碘有机肥的开发

海藻碘有机矿肥根据国家发明专利(翁焕新等,1998),由富碘海藻和硅藻土制成。其中,海藻原料为大型海藻——海带,它的碘含量达到干重的1‰~2‰,且大部分能被水溶出;硅藻土则由硅藻遗骸和黏土矿物组成,具有很强的吸附能力,还具有改良土壤的作用。因此,海藻碘有机矿肥不仅能够使碘缓慢释放,利于碘被作物吸收,而且能够使土壤得到改良。

海藻碘有机矿肥的制作方法:干海带被粉碎至直径为1~6mm的粒状,与过100目筛的硅藻土按1:1的比例充分混匀,制成颗粒状,并通过分析标定碘的实际含量,贮存在阴凉处,备用。

二、蔬菜对土壤外源碘的吸收特征

1. 海藻碘有机矿肥的吸收试验

1) 试验材料与方法

选择人们日常生活中喜爱的蔬菜为试验对象,它们包括叶菜类和果菜类蔬菜,其中叶菜类蔬菜有菠菜、小白菜、香菜、雪里蕻和大白菜;果菜类蔬菜有番茄、黄瓜、长豇豆、茄子和辣椒。

供试土壤为青紫泥,是杭嘉湖地区具有代表性的土种,也是长三角地区重要的蔬菜种植土壤。土壤的一些基本理化参数见表9-5。

表9-5 供试土壤的一些基本理化参数

土壤类型	全氮(g/kg)	全磷(g/kg)	全钾(g/kg)	阳离子交换量(mol/kg)	有机质(g/kg)	pH值	碘背景含量(mg/kg)
青紫泥	2.56	0.704	16.8	19.28	40.9	5.91	2.02

本研究施用的海藻碘有机矿肥中碘的含量为1 087mg/kg,海藻碘大部分是可溶的,对作物的生物有效性高。

供试蔬菜在播种之前施足基肥,并一次性将海藻碘有机矿肥施入土壤表层,叶菜类蔬菜施加的碘浓度分别为12mg/m²、25mg/m²、50mg/m²、100mg/m²、150mg/m²,果菜类蔬菜施加的碘浓度分别为15mg/m²、35mg/m²、70mg/m²、150mg/m²,蔬菜在生长期间用复合肥追施2次,同时建立对照组。

当供试蔬菜的可食部分达到上市标准时取样,将蔬菜连根拔起,用去离子水冲洗干净后,用吸水纸吸干表面的水分,分别称重根、茎、叶和果实各部分的重量,然后在 50 ℃恒温条件下烘干,粉碎后过 30 目筛,测定各部分的碘含量。

2)试验结果

实验结果表明,与对照组相比,无论是叶菜类还是果菜类蔬菜中碘的含量明显增高,蔬菜中碘的含量随着海藻碘有机矿肥施用量的增加而增加,这表明了蔬菜能够从土壤中吸收外源碘(图 9-9、图 9-10)。

进一步观察可以发现,叶菜类蔬菜对外源碘的吸收量明显大于果菜类蔬菜,以海藻碘有机矿肥最大施用量($150mg/m^2$)时蔬菜对碘的吸收量作比较,前者碘的总吸收量是后者的 50~70 倍。对于同类不同品种的蔬菜来说,它们对土壤外源碘的吸收量存在差异,在叶菜类蔬菜中,香菜对碘的吸收量最大,明显高于其他供试叶菜类蔬菜,在外源碘含量较低时($<50mg/m^2$),大白菜和小白菜对碘的吸收量大于菠菜,当外源碘含量较高时($>100mg/m^2$),菠菜对碘的吸收量又依次大于大白菜、小白菜、雪里蕻,这说明了蔬菜对于外源碘的吸收量,不仅受土壤外源碘含量的控制,而且受不同蔬菜品种本身个体差异性的影响。在果菜类蔬菜中,不同品种对碘吸收量也存在差异,但是这种差异程度相对于叶菜类蔬菜要小得多,其中茄子对碘的吸收量明显高于其他果菜类蔬菜。

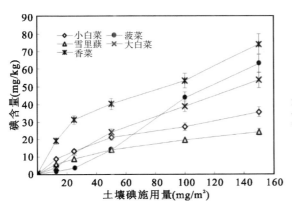

图 9-9　叶菜类蔬菜可食用部分碘含量随海藻碘有机矿肥施用量的变化

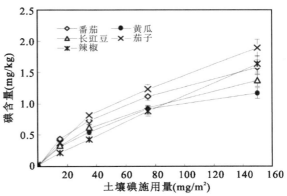

图 9-10　果菜类蔬菜可食用部分碘含量随海藻碘有机矿肥施用量的变化

2. 海藻碘与碘化钾(KI)的吸收差异试验

1)试验材料与方法

供试蔬菜种类分别为小白菜(品种为苏州青)、芹菜(品种为特选黄心玉芹)、辣椒(品种为杭椒 1 号)、白萝卜(品种为短叶十三早)。外源碘为以硅藻土为载体的海藻固体碘肥和 KI。供试土壤类型为青紫泥,同海藻碘有机矿肥吸收试验。

土培试验在温室中进行。将土壤粉碎,称取 3kg 与外源碘混匀,装入盆内(材质:PS;

规格:15cm×20cm×18cm),使盆中土壤分别含碘 0(对照组,以下简称 CK)、10mg/kg、25mg/kg、50mg/kg、100mg/kg 和 150mg/kg,加水使土壤含水量为最大田间持水量的 50%,整个试验期间以称重法适时添加去离子水以保持土壤的固定含水量,每个处理重复 3 次。

白萝卜种子直接播撒于土培盆中,待种子出苗 1 周后间苗,每盆留健壮幼苗 2 株;其他蔬菜种类采用育苗移栽,待幼苗长到 4~5 片真叶时,选择长势一致的健壮幼苗移栽至盆中,小白菜、芹菜每盆 3 株,辣椒每盆 1 株。同一种蔬菜连续种植 2 茬,第一茬生长期为 3 月 5 日至 6 月 10 日,第二茬生长期为 9 月 20 日至次年 1 月 3 日。在第一茬蔬菜前期和第二茬后期,晚间采用加温措施以防止果菜类蔬菜发生冻害。蔬菜移栽前施足基肥,当每一茬蔬菜可食部分达到上市标准时进行取样。将蔬菜连根拔起,根系土壤留于盆中,样品用去离子水洗净后,吸水纸吸干表面,分别称量单株可食部位和地上部分的鲜重。然后在 50℃恒温条件下烘干,粉碎后过 30 目筛,测定各部分的碘含量。

2)试验结果

与土壤施用 KI 相比较,施用海藻碘有机矿肥,在第一茬时,供试蔬菜植物从土壤中吸收的外源碘,少于施用 KI(图 9-11),如在海藻碘有机矿肥和 KI 施加量均为 150mg/kg 时,小白菜、芹菜从土壤中吸收的海藻碘和 KI 分别为 138mg/kg、112mg/kg 和 178mg/kg、158mg/kg。

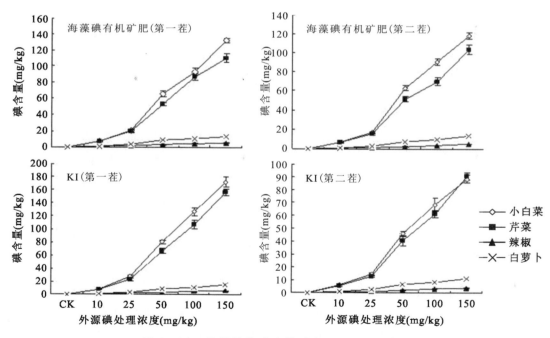

图 9-11 蔬菜植物对海藻碘与 KI 吸收的差异

然而,在第二茬时,供试蔬菜植物从土壤中吸收的外源碘,多于施用KI,小白菜、芹菜从土壤中吸收的海藻碘和KI分别为121mg/kg、102mg/kg和92mg/kg、89mg/kg。对于辣椒、白萝卜来说,从土壤中吸收的海藻碘和KI,在第一茬时,无明显差异,但是,当第二茬时,它们吸收的海藻碘明显多于KI。这表明当KI施入土壤后,I^-离子容易进入土壤液相,因而易被作物所吸收,同时也容易流失。第二茬供试蔬菜吸收的碘明显低于第一茬,这说明以硅藻土作为载体的海藻碘有机矿肥,当它们施入土壤后,由于硅藻土的有孔结构,可以使其中的海藻碘缓慢释放。这样虽然在第一茬时,被供试植物吸收的碘没有KI那么多,但是海藻碘有机矿肥可以使海藻碘较好地保存在土壤中不流失,从而使第二茬作物仍然能够吸收到较多的外源碘。

三、海藻碘进入植物体内的分布特征

为了深入了解经过施用海藻碘有机矿肥,蔬菜植物从土壤中吸收海藻碘后蔬菜各器官中碘的含量分布状况,根据不同类型蔬菜的基本特点,对叶菜类蔬菜的根和叶,果菜类蔬菜的根、茎、叶、果中碘的含量水平进行系统分析。碘在叶菜类蔬菜中的含量,除小白菜随着土壤外源碘含量升高叶中碘含量超过了根中碘含量外,其他供试蔬菜均呈现出根中碘含量大于叶中碘含量的分布特征(图9-12)。这反映了叶菜类蔬菜的根系从土壤中吸收的外源碘,有一部分转移输送至叶面,而大部分仍富集在根部。从图9-13中可以看到,除了长豇豆茎中碘含量高于叶外,碘在果菜类蔬菜中的含量呈现出根>叶>茎>果的分布特征,果中碘的含量明显低于叶、茎、根,这表明了果菜类蔬菜的根系从土壤中吸收的碘,通过茎将一部分碘转移至叶面和果中,这部分碘主要集中在叶面,只有很少部分积累在果中。

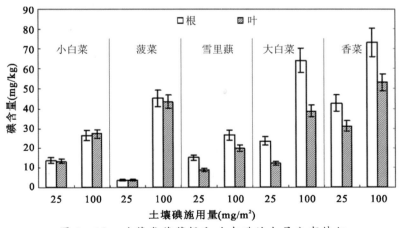

图9-12 叶菜类蔬菜根和叶中碘的含量分布特征

进一步分析蔬菜可食用部分中碘的含量变化可以看到,当土壤碘施用量增加3倍,叶菜类和果菜类蔬菜的叶和果中碘的含量一般可提高1~2倍,叶菜类的菠菜是一个特例,它的叶碘含量提高了11倍。

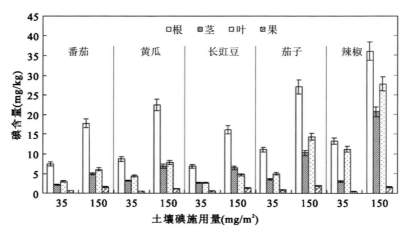

图 9-13　果菜类蔬菜根、茎、叶、果中碘的含量分布特征

四、农业生物碘强化的生态环境效应

1. 土壤外源碘对作物生物量的影响

碘不是植物生长过程中必需的营养元素。已有研究证明高浓度的碘对作物的生长发育具有毒害效应，而且不同作物对碘毒害的耐受性是不一样的。

本研究结果表明，低浓度的外源碘（0～25mg/kg）对蔬菜的生长发育没有明显影响，但随着处理浓度的提高，碘对蔬菜的毒害作用逐渐显现，高浓度的外源碘（≥50mg/kg），直接导致蔬菜生物量的减少（图 9-14）。不同种类蔬菜对高浓度碘的敏感反应存在较大差异，按由大到小顺序为辣椒＞小白菜＞芹菜＞白萝卜。两种外源碘对蔬菜生长的影响也存在明显差异，第一茬时，KI 对蔬菜的毒害作用明显大于海藻碘有机矿肥（$p<0.05$），在碘浓度较低时（＜100mg/L），小白菜、芹菜、辣椒就表现出一定的中毒症状；当土壤碘浓度为 50mg/kg 时，小白菜、辣椒地上部分的生物量分别下降 10％以上；当土壤碘浓度达到最高（150mg/kg）时，辣椒地上部分生物量与对照组（CK）相比下降了 36％。第二茬时，KI 对蔬菜的毒害效应迅速下降，除辣椒地上部分生物量在较高浓度下与对照组相比仍略有下降外，其他蔬菜生物量在不同碘浓度下与对照组差异不显著；而海藻碘有机矿肥除了在第一茬的最高浓度（150mg/kg）时，对辣椒的生长造成一定的毒害作用外，其他蔬菜的生长在连续两茬的生育期间均未表现出明显的受害症状。

在第一茬时，KI 在土壤中的活性相对较强，较高浓度的游离态碘一方面有利于蔬菜植物的吸收，另一方面也容易因蔬菜植物对碘的过量吸收而对生长造成毒害。在第二茬时，随着土壤中游离态碘的流失，对蔬菜植物的毒害作用相应减弱。而海藻碘有机矿肥由于对碘具有缓释作用，使土壤中海藻释放的碘离子浓度处在一种相对适中的浓度水平。因此，对蔬菜植物的生长发育不会产生不利影响。

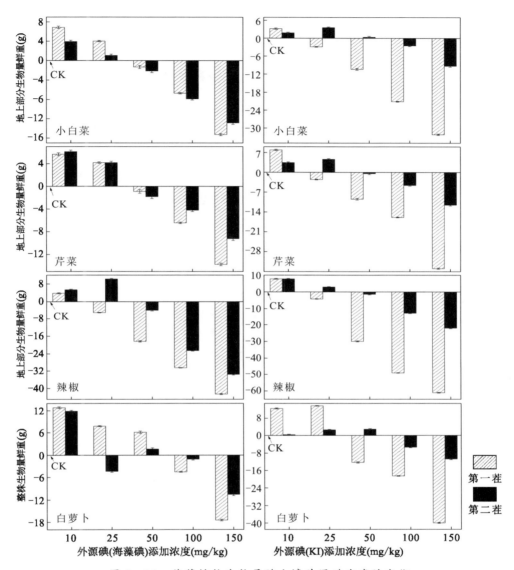

图 9-14 蔬菜植物生物量随土壤外源碘浓度的变化

2. 海藻碘对环境碘含量的影响

选择海藻碘浓度最高（150mg/kg）的一组实验田，分别采集种植白萝卜、大白菜、芹菜、辣椒的土壤样品，土壤样品取自约为 20cm 的深度。每组实验取 10g 土壤样品，用 100mL 的去离子水浸泡 36h，通过分别测定在不同浸泡时间的浸泡液中碘的含量，观察土壤水溶性碘含量随时间的变化。图 9-15 显示了土壤中水溶性碘溶出量随浸泡时间的变化。从图中可以看到，施用海藻碘有机矿肥的土壤中水溶性碘的溶出量随浸泡时间的延长，总体呈现出增加的趋势，进一步观察后发现，在整个溶出实验的时间内，土壤水溶性碘的溶出随时间变化可以分为 3 个阶段，第一阶段浸泡时间 1~5h，溶出的碘含量较少，约占总溶出量的25%,但溶出的增长速度较快;第二阶段浸泡时间5~20h,这一阶段内,碘的溶出量明显提高,此时溶出的碘占总溶出量的90%以上;第三阶段浸泡时间20~36h,此时土壤中碘的溶出量基本保持不变。当浸泡时间≥20h时,水溶性碘含量达到最大值并随时间不再变化,这表明了土壤外源碘在固相和液相之间达到了平衡状态。

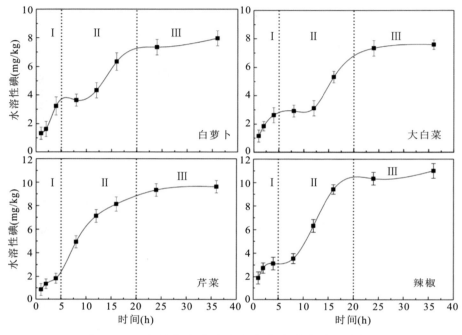

图9-15 土壤中水溶性碘溶出量随浸泡时间的变化

图9-16显示了土壤水溶性碘与土壤碘总量之间的相关性,从图中可以看到,种植白萝卜、大白菜、芹菜、辣椒不同的土壤水溶性碘的溶出量与土壤碘的施用量之间呈现出显著的正相关性,相关系数$R^2=0.954~0.990(p<0.01)$,水溶性碘含量与土壤总含碘量成正比,这表明了海藻碘有机矿肥可以有效地提高土壤中水溶性碘的含量。海藻碘有机矿肥之所以能够一方面将海藻碘缓慢地释放进入土壤,另一方面将海藻碘较好地保存在土壤中,从而为蔬菜植物能够更好地从土壤中吸收碘创造有利条件,这与海藻有机矿碘肥中的硅藻土具有很强的吸附力有关,具有微孔结构的硅藻土作为海藻碘的载体,不仅能够使海藻碘缓慢释放,而且还具有改良土壤的特点。

施用海藻碘有机矿肥还能提高环境水体中碘的含量(图9-17)。施用海藻碘有机矿肥的实验组地下水碘含量明显高于试验田以外的对照组(CK),试验田范围内的地表水碘含量同样高于当地地表水中的碘含量。这些结果表明,施用海藻碘有机矿肥在提高土壤碘背景含量的同时,也可以明显提高地下水中碘的含量水平。环境水体中碘的含量水平普遍提高,对改善缺碘地区的生态环境,提高整个食物链中的含量水平和彻底消除"碘缺乏病"具有深远的意义。

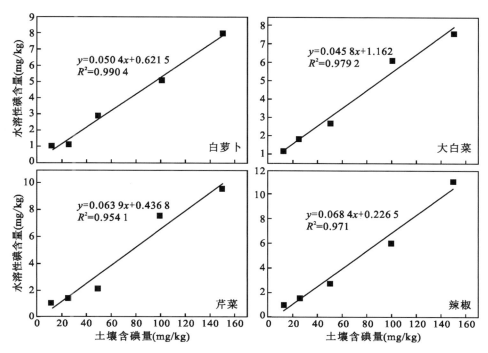

图 9-16 水溶性碘与土壤碘含量之间的相关性

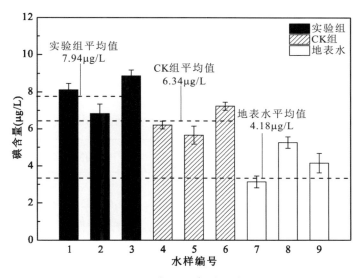

图 9-17 环境水体中碘的含量水平

五、生态补碘示范

选择浙江省相对缺碘的丽水碧湖盆地西部沙岸村进行生态补碘示范基地建设。同时,在此施用海藻碘有机矿肥培育含碘作物的大田试验。

丽水碧湖盆地位于浙江省南部,丽水市中西部,面积约 60km²,地势平坦,海拔 50～90m,相对高差在 20m 以下,由大溪、松阴溪冲击而成,小地形依次为河漫滩、一级阶地、二级阶地、谷口洪积扇。碧湖盆地具有优越的农业生产条件和示范应用基础。同时,碧湖盆地属于典型缺碘地区,其饮用水源中碘含量为 9.16μg/L,土壤碘含量为 1.65mg/kg。20 世纪 80 年代末推广食盐加碘之前,地方性甲状腺肿病患病率 17%。

大田试验的作物种类包括长豇豆、毛豆、西瓜、番茄、黄瓜和水稻等。海藻碘有机矿肥施用量与施肥方式:海藻碘有机矿肥施加量分别为每亩 0kg、50kg、100kg、200kg、400kg、600kg,以含碘量计,土壤含碘量相当于每亩分别为 0g、25g、50g、100g、200g、300g。海藻碘有机矿肥采用沟施(沟深 20cm),在蔬菜作物播种或移栽前一次性施入,试验前施足基肥,作物生长期间用复合肥追施 2 次,水分浇灌按常规进行。每个实验小区 30m²,每个处理重复 3 次,各处理小区间至少间隔 3m,以避免相互干扰。

根据大田试验结果,综合考虑作物对土壤外源碘的生物吸收特征和海藻碘有机矿肥的施用成本,旱地土壤施用海藻碘有机矿肥以 200kg/亩为宜,即相当于每公顷土壤外源碘的施加量为 1.5kg(以含碘量计)。以干重计,长豇豆、毛豆和稻谷中碘的含量分别可达 0.68mg/kg、0.68mg/kg 和 0.25mg/kg;以鲜重计,则分别为 118μg/kg、236μg/kg 和 208μg/kg,在不考虑通过食用肉禽食品和水产品摄入碘的情况下,如果以每天消费含碘蔬菜 0.5kg 和含碘大米 0.5kg 计,含碘蔬菜和粮食可以提供约 170～190 μg 的生物有机碘,达到了联合国粮农组织推荐的成人每日摄入 150μg 碘的要求。

根据被试蔬菜作物对碘生物吸收的相对富集程度,可将初步筛选出的富碘蔬菜作物,划分出强富碘、中等富碘和一般富碘 3 个等级,表 9-6 列出了各生物富碘等级相对应的蔬菜作物。

表 9-6 各生物富碘等级相对应的蔬菜作物

作物类型	强富碘	中等富碘	一般富碘
茎叶类蔬菜	香菜、紫云英、菠菜、蒿菜、包心菜、芹菜、青菜、青蒜	大白菜、小白菜、白菜薹、紫菜薹、雪里蕻	
果实类蔬菜		丝瓜、茄子、番茄	毛豆、长豇豆、黄瓜
水果作物			西瓜、甜瓜、草莓
根类蔬菜	胡萝卜	白萝卜	
粮食作物			水稻

第三节 浙江省生态补碘区划

为明确补碘靶区，提高补碘效果及安全性，现结合生态系统中碘的迁移转化规律研究和生态补碘试验效果，进一步开展浙江省生态补碘综合区划。

一、碘的生态地球化学分区

1. 划分依据

碘生态地球化学研究是分区的重要基础，包括土壤碘地球化学研究、作物碘含量、居民膳食摄入碘等方面的研究成果。

1）土壤碘含量

依据土壤碘含量评价图（图9-1）所示，浙江省土壤碘含量可分为4个等级，分别是碘缺乏（≤1.0mg/kg）、碘边缘（1.0～1.5mg/kg）、碘适量（1.5～5.0mg/kg）和碘高量（≥5.0mg/kg）。浙江省土壤碘高背景区主要分布在沿海、海湾地区及海拔较高的山区，沿海地区地质背景主要为中生代火山碎屑岩风化沉积物，地貌上表现为负地形，受海洋气流碘沉降和地质背景碘双重影响；内陆高山区域地质背景主要为碳酸岩及碎屑岩风化沉积物，地貌上表现为山地，受土壤风化程度影响。土壤碘低背景区位于浙中盆地，该区地质背景总体上为中酸性火山碎屑岩、紫红色（钙质）碎屑区和松散岩类沉积物，地势低洼，由于汇流水量较大，地表水流冲刷作用强，受地质背景和地形地貌双重影响导致表层土壤碘含量很低。

2）居民膳食摄入碘

如本章第一节所述，依据本书计算的居民膳食摄入碘，可将全省各市划分如下。
居民膳食摄入碘适量区：宁波市、台州市、温州市和嘉兴市。
居民膳食摄入碘低值区：绍兴市、湖州市和杭州市。
居民膳食摄入碘缺乏区：金华市、衢州市和丽水市。

全省各地级市中不同县（市、区）膳食结构差异也普遍存在，为了细化各地级市居民膳食摄入碘水平，本书参考《中华人民共和国地方病与环境图集》（1989）的地方性甲状腺肿与地方性克汀病研究，以浙江省缺碘性甲状腺肿患病率（1980—1984年）为依据，将居民膳食摄入碘水平进行细化。浙江省缺碘性甲状腺肿患病率（1980—1984年）在一定程度上能反映当地居民膳食摄入碘水平，一是当时物质流通没有现在畅通，膳食摄入以当地生长的农产品和以此为食的家养牲畜为主，二是当时饮用水主要以当地水库水、井水等为主，自来水覆盖度不高。

根据《地方性甲状腺肿防治工作标准》，居民甲状腺肿患病率高于3%为病区乡，因此将甲状腺肿患病率高于3%的区域划分为居民膳食摄入碘缺乏区，如表9-7所示。

根据表9-7,将各地级市膳食摄入碘水平进行细化。其中宁波市、台州市、温州市和嘉兴市等地级市中北仑区、海曙区、江北区、镇海区、鄞州区、奉化区、余姚市、平阳县、瑞安市、永嘉县、仙居县、临海市、路桥区、黄岩区14个

表9-7 依据甲状腺肿患病率划分居民膳食摄入碘水平

甲状腺肿患病率	居民膳食摄入碘水平划分
无病情	居民膳食摄入碘适量区
<3%	居民膳食摄入碘低值区
3%~20%	居民膳食摄入碘缺乏区

县(市、区)划分为居民膳食摄入碘低值区,天台县为居民膳食摄入碘缺乏区,其余27个县(市、区)为居民膳食摄入碘适量区;绍兴市、湖州市和杭州市等地级市中新昌县、嵊州市、淳安县、临安区、建德市、桐庐县6个县(市、区)划分为居民膳食摄入碘缺乏区,其余18个县(市、区)划分为居民膳食摄入碘低值区;金华市、衢州市和丽水市等地级市中义乌市、常山县、莲都区、龙泉市、青田县、缙云县、遂昌县、松阳县、云和县、庆元县和景宁畲族自治区11个县(市、区)划分为居民膳食摄入碘低值区,其余13个县(市、区)划分为居民膳食摄入碘缺乏区。依据浙江省缺碘性甲状腺肿患病率(1980—1984年)划分的居民膳食摄入碘水平基本与本书计算的居民膳食摄入碘水平吻合。

2. 确定方法

由于作物碘含量与土壤碘含量对应关系较好,因此生态碘等级区划分仅参考土壤碘和人体摄入量碘。采用浙江省土壤碘含量等级和居民膳食摄入碘等级相叠加的方法,按照生态缺碘的严重程度,将全省各地划分为高碘生态区、中碘生态区、低碘生态区(表9-8)。等级区的划分,将为开展全省生态补碘区域规划提供重要的依据,进而实施缺碘区生态补碘工程,最大限度地减少和消除人体缺碘带来的生态健康风险。

表9-8 生态碘等级区划分方法

膳食摄入	土壤碘含量等级			含义
	高值	适量	边缘	缺乏	
适量	高	中	中	低	高碘生态区:环境介质碘含量较高或适中,一般情况下不存在碘的生态风险。
低值	中	中	低	低	中碘生态区:除孕妇和少数疾病患者可能存在一定的缺碘生态风险外,一般不会出现较大的群体性碘缺乏疾病。
缺乏	中	低	低	低	低碘生态区:没有外源碘的补充,可能会出现群体性碘缺乏疾病的地区

3. 划分结果

浙江省碘的生态地球化学分区如图9-18所示。

高碘生态区、中碘生态区和低碘生态区分别占调查区域的7.62%、40.35%和52.03%。高碘生态区主要分布在浙东沿海地区,尤其是宁波市宁海县,土壤碘含量高,大于5.0mg/kg,膳食摄入碘适量,正常情况下不存在碘的生态风险。该地区土壤母质为河

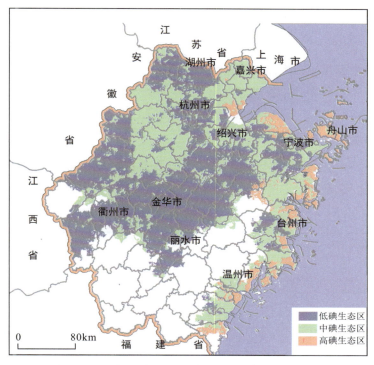

图 9-18 浙江省碘的生态地球化学分区示意图

口相、滨海相砂泥质沉积物。土壤碘的来源较为丰富,主要为海洋碘(包括海水、大气等途径),其次为地质背景碘。

中碘生态区分布面积最大,包括浙北、浙东地区。在浙北地区,土壤母质主要为河口冲积物、滨海沉积物的混积物,土壤中—酸性,pH 值 5.0~7.5,碘有效态中等,有利于植物吸收,作物碘含量适中。在浙东地区,由于土壤母质主要为中酸性火山碎屑岩类风化物,土壤碘含量适中,但离海距离较近,膳食摄入碘适量,一般不会出现较大的群体性碘缺乏疾病。

低碘生态区主要分布在金衢盆地及浙北地区。在杭州临安市、淳安县、桐庐县、建德市等地区,绝大部分地处山地丘陵区,出露地层主要为寒武系—奥陶系,碳酸盐岩与细碎屑岩,碘含量中等,风化剥蚀作用强烈。土壤表现为中—碱性,pH 值 6.5~8.5,碘有效态含量低,不利于作物对碘的吸收。在金衢盆地,主要出露中生代白垩系"红层",岩性主要为河流相砂泥质岩。由于成土母岩形成于气温高、蒸发量大和强氧化条件下,在此基础上发育形成的土壤碘含量很少,作物碘含量明显偏低。另外,该生态区地处内陆,远离海洋,海洋气流碘难以到达,加上地方居民海鲜碘摄入较少,导致该地区居民膳食摄入的总碘量大为减少。因此,该区属于生态低碘区,在没有外源碘补充的情况下,可能会出现群体性碘缺乏病。

二、生态补碘区划

在浙江省土壤、农产品以及地方居民膳食结构等调查研究资料综合分析的基础上,将全省划分出高碘生态区、中碘生态区和低碘生态区。为达到安全有效的补碘目的,明确尚待补碘地区的分布及其范围,合理选择富碘作物种类,科学确定海藻碘有机矿肥的施用量,进一步开展浙江省生态补碘区划。

1. 补碘区分布及范围

全省重点补碘区、适当补碘区和非补碘区分别对应低碘生态区、中碘生态区和高碘生态区,分布如表9-9所示。

表9-9 浙江省生态补碘分区比例统计

地市名称	非补碘区	适当补碘区	重点补碘区
杭州市	—	50.47%	49.53%
湖州市	—	36.67%	63.33%
嘉兴市	10.69%	86.58%	2.73%
金华市	—	16.69%	83.31%
丽水市	—	21.94%	78.06%
宁波市	20.38%	56.02%	23.60%
衢州市	—	3.23%	96.77%
绍兴市	—	23.74%	76.26%
台州市	23.68%	52.55%	23.77%
温州市	30.06%	61.05%	8.79%
舟山市	91.81%	8.19%	—

1) 杭州市

该地区适当补碘区与重点补碘区各半,其中临安、富阳、桐庐等属于中碘区,淳安县、建德市等地土壤碘淋失严重,属于低碘区。因此,该地区需要重点补充外源碘,其他地区仅适量补充即可。

2) 湖州市

该地区适当补碘区与重点补碘区相间分布,2/3处于生态低碘区,其中长兴、湖州北部大多数土壤碘含量较低,出现低碘区,其他为生态中碘区。因此,除少量需要适量补充外源碘外,湖州大部分区域需重点补充外源碘。

3) 嘉兴市

基本属于适当补碘区,土壤碘含量中等,膳食碘来源丰富,总体上仅需适量补充。

4) 金华市

该地区基本属于重点补碘区,除少量地区由于地质背景的影响,属于适碘区,兰溪市以及磐安县、永康市、东阳市等大部分地区因红层区土壤低碘属于缺碘区,需要重点补充外源碘,才能将地方居民健康风险降至最小。

5) 丽水市

大部分面积土壤碘数据缺乏,根据现有的数据分析,总体上属于重点补碘区。

6) 宁波市

宁海县、象山县和慈溪市局部地区为生态高碘区,不需要补充外源碘,大部分为生态中碘区,生态低碘区少量存在。在生态低碘区必须补充相应的外源碘,才能规避缺碘带来的健康风险。

7) 衢州市

该地区主要为生态低碘区,生态中碘区主要处于龙游南部。在生态低碘区必须补充相应的外源碘,才能规避缺碘带来的健康风险。

8) 绍兴市

该地区适当补碘区与重点补碘区相间分布,以重点补碘区为主,重点补碘区大部分分布在嵊州、诸暨地区,需要重点补充外源碘。

9) 台州市

总体上为适当补碘区,天台北部、临海西部等为低碘区,而靠近海岸线的温岭、椒江、玉环等皆有生态高碘区分布。在生态低碘区必须补充相应的外源碘,才能规避缺碘带来的健康风险。

10) 温州市

总体上为适当补碘区。靠近海岸线的苍南、瓯海、乐清等地区皆有生态高碘区分布,属于非补碘区,大部分为适当补碘区。

11) 舟山市

总体上属于生态高碘区,除土壤碘含量较低外,其余均较高,基本不用补充外源碘。

2. 补碘作物选择及海藻碘有机矿肥施用量

通过对浙江省居民膳食结构分析,从筛选出的富碘蔬菜和水果中选择3种浙江省各市居民食用率较高的品种,可推荐用于生态补碘(表9-10)。上述富碘作物中,浙江省居民食用率较高的有包心菜、小白菜、番茄、青菜和大白菜。

表 9-10 推荐的生态补碘作物品种

地市名称	富碘作物中食用率较高的作物		
杭州市	青菜	番茄	包心菜
湖州市	青菜	番茄	小白菜
嘉兴市	包心菜	青菜	番茄
金华市	包心菜	番茄	小白菜
丽水市	小白菜	大白菜	包心菜
宁波市	小白菜	番茄	青菜
衢州市	小白菜	包心菜	番茄
绍兴市	小白菜	番茄	包心菜
台州市	包心菜	青菜	大白菜
温州市	青菜	包心菜	小白菜

在生态低碘区,居民可通过生态补碘的方式摄入一定量的有机碘以消除碘缺乏的危险。参考本章第一节浙江省居民膳食碘摄入量的计算,生态高碘区、生态中碘区和生态低碘区的居民膳食碘摄入量均值分别为 $190\mu g/d$、$175\mu g/d$、$161\mu g/d$,且服从正态分布,标准差为均值的 10%。以农田施碘量 $12mg/m^2$ 为例,小白菜可食部位碘的平均含量达到 $2.28mg/kg$(以鲜重计),因此生态高碘区、生态中碘区和生态低碘区的居民每天仅需分别食用 $7.46g$、$11.84g$ 和 $16.22g$ 含碘小白菜,就可使全体居民摄入足够的碘(表 9-11)。

表 9-11 生态补碘所需小白菜食用量

生态碘分区	生态高碘区	生态中碘区	生态低碘区
居民膳食碘摄入量($\mu g/d$)	133~247	123~228	113~209
施碘量(mg/m^2)	12.00	12.00	12.00
小白菜可食部分碘含量($\mu g/g$)	2.28	2.28	2.28
小白菜食用量(g/d)	7.46	11.84	16.22
生态补碘结果($\mu g/d$)	150~264	150~255	150~246

以每天食用同等重量的小白菜($20g/d$)为例,计算各生态碘等级区所需的农田施碘量。计算结果如表 9-12 所示。结果表明,生态高碘区、生态中碘区和生态低碘区土壤仅需分别施加 $4.47mg/m^2$、$7.11mg/m^2$、$9.74mg/m^2$,就可使当地居民获得足量的碘营养,

满足人体 150μg/d 的需碘量。

表 9-12　生态补碘所需的海藻碘有机矿肥施用量

生态碘分区	生态高碘区	生态中碘区	生态低碘区
居民膳食碘摄入量(μg/d)	133~247	123~228	113~209
农田施碘量(mg/m²)	4.47	7.11	9.74
小白菜可食部分碘含量(μg/g)	0.85	1.35	1.85
小白菜食用量(g/d)	20.00	20.00	20.00
生态补碘结果(μg/d)	150~264	150~255	150~246

三、效益分析

生态补碘区划具有较大的社会、生态和经济效益，其中社会和生态效益远大于经济效益。

1. 社会效益

碘缺乏病对人类最大的影响是导致智力损害，而补碘是预防和控制碘缺乏病的唯一途径。由于在自然状态下，人体和动物所需要的碘 80% 以上来自植物性食品，且人体对食物中碘的生物利用率最高可达 99%。因此，利用海藻碘有机矿肥培育含碘作物一方面使人们在日常生活中可通过食用含碘的植物性食品，自然有效的补碘；另一方面可以提供土壤碘背景含量，经过生物地球化学和环境地球化学作用过程，使整个食物链中的碘含量水平逐步得到提高，为最终彻底消除"碘缺乏病"创造必要条件。在此基础上，生态补碘区划不仅针对浙江省居民的膳食结构特点推荐了富碘作物，还依据不同生态补碘区计算了碘肥施用量，实现居民补碘的安全性、科学性和可操作性，体现了"因地制宜、分区补碘"的原则。

碘缺乏的危害是全民公共卫生问题，严重影响智力发育而事关民族的素质和社会的进步。利用海藻碘有机矿肥进行生态补碘区划，为指导和改善居民的碘营养状况提供了科学依据和具体实施方法，开辟了人体科学补碘的新途径，具有广泛的社会价值。

2. 生态效益

海带在生长过程中除可以富集碘，还可从海水中大量地吸收氮、磷、钾等营养元素。因此，海带在改善缺碘环境和修复沿海海域水体富营养化方面具有潜在的双重作用。

浙江省属于缺碘地区，外环境缺碘是人群碘摄入不足致病的主要原因。若通过长期施用海藻碘有机矿肥，在培养富碘蔬菜、粮食和水果的同时，还可以使土壤碘的背景含量逐渐提高，使土壤、水体、作物和整个食物链中碘的含量水平得到提高，最终使缺碘地区的生态环境得到改善。

海带中氮、磷与海水中氮、磷含量的相关性极显著,意味着海带具有净化水体和修复沿海海域水体富营养化的能力。海带不仅高产,而且适合在中国整个沿海海域养殖。若扩大海带养殖规模,将其制作成海藻碘有机矿肥进行补碘,将会缓解沿海海水的富营养化情况。同时,海带生长会吸收 CO_2,对减轻大气温室效应也贡献了正能量。

3. 经济效益

根据本章第二节试验结果估算,8.0×10^6 t/a 海藻碘有机矿肥,可培育 2.5×10^7 t 含有机碘的植物性食品(李睿等,2017)。海藻碘有机矿肥的制造成本为 500~600 元/t,含碘蔬菜市场价格在 20~30 元/kg 之间,以平均值计,每年制造 8.0×10^6 t 海藻碘有机矿肥,蔬菜销售额可达 62 万元,比未进行碘强化前多增收一倍。

第四篇

元素间交互作用与生态循环研究

第十章　重金属镉与硒元素的交互关系研究

镉和硒均为亲硫元素,也是亲生物元素,是动植物所需的必要元素,所以硒一般容易富集在有机质中。镉是一种稀散元素,由于含量分散,很少单独成矿,但少量的镉持续进入人体会因长期积累对组织器官造成损伤。动物实验表明,硒除了能够明显地拮抗镉的损伤外,硒也能够拮抗镉的其他多种毒性作用,同时 Cd 元素也能够对动物体内 Se 元素含量的分布产生影响。土壤作为 Cd 和 Se 元素的主要源和汇,能够直接通过作物吸收而进入人体,给人民的健康带来风险。因此,研究土壤中镉与硒的交互关系,能够从农产品生产环境源头上调控硒和镉的进入,具有十分重要的实际意义。

第一节　浙江省硒、镉含量分布特征

一、典型研究区表层土壤硒、镉含量相关性

选择位于浙江省的黑色岩系型(安吉县、江山市)、湖沼相型(嘉兴市、海盐县)和燃煤型(金华婺城区)等典型富硒土壤,建立土壤硒、镉含量相关性。

1. 黑色岩系型

黑色岩系区的 Se、Cd 含量之间具有极显著($p<0.01$)相关性,以安吉和江山研究区为典型代表的土壤中 Se、Cd 含量相关性分别为 0.689mg/kg 和 0.829mg/kg(图 10-1),归因于两处土壤 Se 来源于黑色岩系含碳硅质岩、硅质页岩,与地质背景关系密切,人为活动影响较少,单一来源土壤母质受干扰较小,土壤中 Se-Cd 较好地延续了原系统两者关系的相对独立性和完整性。

2. 湖沼相型

在嘉兴市 73 件河湖相母质土壤样品和海盐县 44 件滨海相母质土壤样品中,尽管沉积物质来源是多元的,但其形成的土壤中 Se-Cd 仍表现出显著的相关性,其中嘉兴市相关系数为 0.52,海盐县相关系数为 0.60(图 10-2),对应浙北平原区富硒土壤硒来源于成土母质的研究结论。

3. 燃煤型

对燃煤型富硒土壤而言,大气干湿沉降量及物质组分对土壤表层 Cd、Se 的变化量及

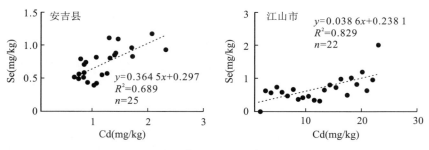

图 10-1 典型黑色岩系型土壤 Se-Cd 相关性

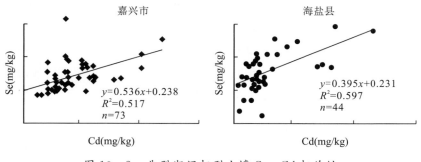

图 10-2 典型湖沼相型土壤 Se-Cd 相关性

变化率却有着显著的影响。在金华市婺城区,因较多燃煤型企业的成群出现,烟尘降落对土壤 Cd、Se 变化量的影响更加明显,其所在的浙中部盆地区,Cd、Se 由于人类活动影响明显,重金属 Cd 增量尤其显著,其变化量是 Se 的 8.50 倍,变化率是 Se 的 18.02 倍,致使 Se-Cd 含量呈规律变化。

综上所述,浙江省典型研究区表层土壤中 Se-Cd 呈同步变化特征较明显,两者之间具有显著较强($P<0.05$)的线性相关性,但是对于受人类活性影响较大的富硒土壤区,因外源物质的输入,Se-Cd 含量未发现规律性变化。

二、典型研究区剖面土壤硒、镉含量垂向变化

重点研究典型区不同类型土壤剖面上 Se-Cd 含量变化情况,研究自然背景与人为活动以及交叉作用对土壤 Se、Cd 共伴生的影响作用。

1. 硒镉含量在红壤剖面上的变化

从图 10-3 中可以看出,在 PABMT04 中,Se、Cd 含量自上而下逐渐升高,表明该红壤剖面土壤较为年轻;在 PAP01 中,Se、Cd 含量变化不大,土壤熟化程度较低;PAP08 自上而下 Se、Cd 含量逐渐降低,表明该土壤剖面发育较为成熟。不管剖面发育如何,但都反映出 Se、Cd 的含量变化基本是同步的,也说明了两元素的共伴生特征。

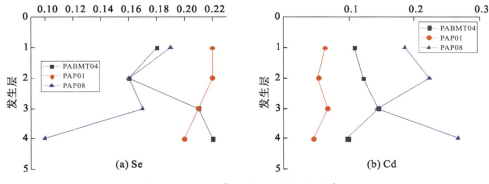

图 10-3　红壤剖面 Se、Cd 含量特征

2. 硒镉含量在黄壤剖面上的变化

如图 10-4 所示，在黄壤 3 个剖面中，PAP06 剖面自上而下 Se、Cd 含量逐渐降低，表层富集明显；相反，PAP18 则逐渐升高，表明剖面成熟度不高；但均反映土壤 Se、Cd 共伴生特征。PAP13 剖面自上而下，随着 Cd 的升高而 Se 呈现逐渐降低的情况，说明该剖面成熟度较低，可能伴随着轻度的人为污染等。

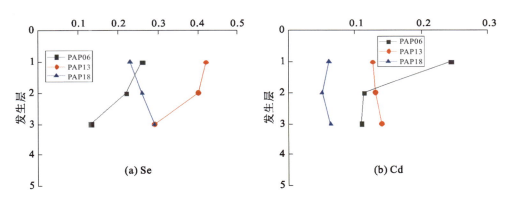

图 10-4　黄壤剖面 Se、Cd 含量特征

3. 硒镉含量在粗骨土剖面上的变化

如图 10-5 所示，在粗骨土 3 个剖面中，PAP11、PAP26 表现出 Cd、Se 表层富集较为明显，而在 PAP20 中，Se 自下而上逐渐升高，Cd 的表现正好相反，可能说明该剖面土壤发育年龄相对较长，不仅使 Cd 发生了流失，而且 Se 也得到一定的富集。

4. 硒镉含量在水稻土剖面上的变化

如图 10-6 所示，在水稻土 2 个剖面上，土壤亚类均为潴育型，属于发育较好的土壤。两个剖面 Cd、Se 都出现了一定的表层富集，且具有共伴生特征，其中以 Cd 较 Se 更为明显。

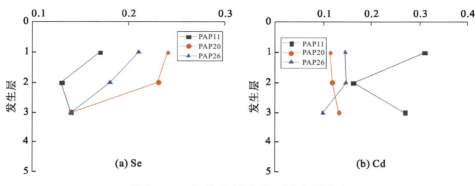

图 10-5 粗骨土剖面 Se、Cd 含量特征

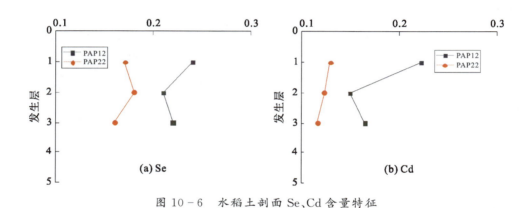

图 10-6 水稻土剖面 Se、Cd 含量特征

第二节 硒镉伴生的生态效应

硒镉伴生所产生的生态效应是硒镉彼此消长作用的结果。已有研究表明,元素在作物中的拮抗和协同作用还与它们各自的理化性质有关。例如,Se 对 Pb、Cd 都有拮抗作用,但在不同的蔬菜上拮抗效果有一定差异;在盆栽白菜、生菜中,Se 抑制 Cd 的作用要大于 Pb,其拮抗作用的机理可能是 Se 以某种方式与有毒元素 Pb、Cd 结合,从而降低这些有毒元素对植物的危害。因此,选择安吉县上墅乡土壤硒镉伴生区为典型区,研究土壤硒镉伴生的生态效应,能够为浙江省地方性富硒土壤评价标准及土壤环境质量评价标准的制定提供重要的科学依据。

一、典型研究区各环境介质硒、镉含量特征

测试结果显示,研究区土壤 Se 含量区间为 0.406~1.179mg/kg,平均 0.717mg/kg,土壤富硒率达到 100%。重金属中以 Cd 超标情况严重,含量范围 0.628~2.318mg/kg,

平均 1.153mg/kg,接近风险筛选值 0.3mg/kg 的 4 倍,其次 Ni 含量较高,为筛选值的 1.78 倍。元素含量形态方面,Cd 的水溶态、离子交换态和碳酸盐结合态合占总量的 44.7%,Pb 占 13.0%,Ni 占 4.9%,As 占 0.5%,Se 占 2.9%,Zn 占 3.3%,仍以 Cd 的易溶部分含量最高,对环境潜在的危害性较大。研究区水稻样品中,Se 含量仅达到富硒临界值(0.04mg/kg),Cd、Ni 超标严重,超标率 80%～100%。

二、土壤硒、镉伴生情况的健康风险

研究区稻米 Cd、Ni 等重金属含量超标,对人体健康可能造成的潜在危害较大,但稻米同时富 Se 的事实也不能忽视。本书通过实地走访和生物地球化学调查方法,研究元素在人体的分布,监测 Se、Cd 通过"土壤—农产品"系统给人体带来的健康风险。

1. 工作区居民年龄结构

针对研究区稻米 Cd、Ni 超标的同时又存在富 Se 等特殊现象,项目组深入安吉县卫生局、疾病预防控制中心、上墅乡卫生院和当地农户家中,进行实地走访和调查,了解重金属超标引发地方病等情况。结果发现,当地居民健康状况良好,据 2008 年统计数据,在上墅乡农业户籍人口总人数 15 423 中,当地 60 岁以上的居民总数 2 351 人。其中 60～69 岁居民人数占总人数的 8.02%,70～79 岁居民人数占 5.04%,80～89 岁居民人数占 2.07%,90 岁以上(含百岁老人)居民人数占 0.12%,达到了中国长寿之乡的基本条件要求(图

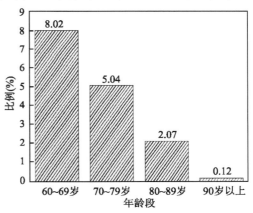

图 10-7 工作区 60 岁以上居民年龄结构

10-7)。未发现相关的"痛痛病"、肾功能衰竭、骨质疏松、高血压、生殖系统疾病,以及致癌、致畸、致突变等地方性疾病的发生率改变。

2. 土壤硒镉伴生的健康风险

生物地球化学调查发现,研究区不同性别不同年龄层次居民的发硒、发锌含量均较高。其中发硒含量在 0.49～1.0mg/kg 之间,平均值为 0.63mg/kg,高于人体头发 Se 含量范围(图 10-8);而 Cd 在人体头发中含量普遍较低,远低于人体头发 Cd 含量上限值。

研究区虽然富硒农产品中 Cd、Ni 严重超标,但并未导致该地区出现相应的地方群体性疾病,主要原因是 Se 可以缓解植物体的重金属胁迫,特别是 Cd 胁迫。这是因为 Cd^{2+} 的吸收主要通过 Zn^{2+} 等元素的离子通道,因此当这些矿质元素在培养介质中的含量增加时,会对 Cd^{2+} 的吸收产生竞争,从而减少 Cd^{2+} 的吸收。与此类似,研究发现,在 Cd 胁迫下,低浓度的 Se 减少了水稻、小麦和豌豆中 Cd 的积累,促进了植物的生长,但其中的机理

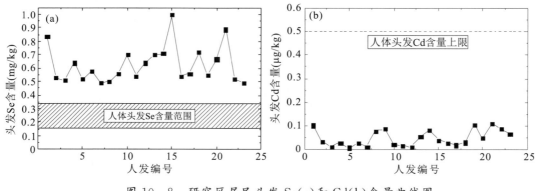

图 10-8 研究区居民头发 Se(a)和 Cd(b)含量曲线图

并不清楚。此外,Se 可以通过提高植物的抗氧化能力,减少 Cd 引起的氧化胁迫,从而增强植物对 Cd 胁迫的抗性。除此之外,人们对 Se 介导的植物 Cd 胁迫抗性机制知之甚少。

总体而言,工作区土壤 Se、Cd 含量均较高,虽然在农产品中出现 Cd 含量严重超标的情况,但由于 Se、Cd 之间的相互拮抗作用,Cd 含量超标并未给工作区人群带来群体性的健康风险。

第三节 硒缓解镉毒害作用机制研究

1958 年,褪黑素(N-乙酰基-5-甲氧基色胺)首次被科学家从松果体中分离出来,最初它被认为是哺乳动物特有的激素。它是松果体分泌的一种胺类激素,主要调控动物的睡眠。1995 年,褪黑素首次在高等植物中出现,继而证明其广泛存在于微生物到人类的各种生物体中,具有丰富的生物学功能(Tan,2015)。近些年,褪黑素在植物中的研究迅速增长,植物中的合成途径已经基本被阐明。越来越多的研究表明,褪黑素不仅能够影响植物的生长发育,并且在植物逆境调控中起到了重要的作用。

根据文献报道,褪黑素参与到了植物对 Cd 胁迫的响应中。一方面,Cd 处理大幅提高了植物内源褪黑素的水平;另一方面,外源添加褪黑素,可增强 Cd 的解毒作用,显著缓解了 Cd 毒害。通过最新的研究发现,外源添加不同形态的 Se 可以使植物褪黑素的合成基因表达增强,进而提高植物内源褪黑素水平。然后,植物在内源褪黑素的调控下,植物螯合态合成、抗氧化系统等被激活,从而提高了植物对 Cd 胁迫的抗性。除此之外,有证据表明褪黑素还参与了 Cd 离子从植物地下部向地上部的转移,这也解释了 Se 减少植物体内 Cd 积累的机理。

Se 和褪黑素都可以减少植物对 Cd 的吸收,缓解植物 Cd 毒害。为研究 Se 和褪黑素在植物 Cd 解毒作用中的相互关系,我们研究了硒代半胱氨酸(Se-Cys)、亚硒酸钠(Na_2SeO_3)和硒酸钠(Na_2SeO_4)3 种不同类型的 Se 化合物对番茄 Cd 胁迫抗性的影响。

一、实验方法

为了研究不同形态 Se 处理对番茄 Cd 胁迫抗性的影响,四叶一心的番茄在含有 3μmol/L Se–Cys、Na_2SeO_3 和 Na_2SeO_4 的霍格兰营养液中水培 3d,并分别用 3μmol/L Se–Cys、Na_2SO_3 和 Na_2SO_4 作为对照,然后再在水培液中添加 100μmol/L $CdCl_2$ 进行 Cd 胁迫处理。研究褪黑素在 Se 介导的番茄 Cd 胁迫抗性时,四叶一心的番茄对照植株(TRV)和 TDC 基因沉默的植株(TRV–TDC)分别预处理 1μmol/L 褪黑素、3μmol/L Se–Cys 或蒸馏水(对照)3d,然后在水培液中加入 100μmol/L $CdCl_2$ 进行胁迫抗性研究。Cd 处理总共持续 15d,处理完后进行相关生理指标的测定。每 5d 更换一次水培液,并重新添加 100μmol/L $CdCl_2$。每 5 株苗作为一个实验组,每个处理设置 3 个实验组,所有实验均重复 3 次。

二、不同形态硒对番茄镉胁迫的缓解作用

实验结果发现,在非胁迫状态下,不同形态 Se 处理略微提高了番茄植株的生长和生物量的积累,而相应的硫化物对番茄生长影响不大。此外,在非胁迫状态下,无论是 Se 还是 S 处理都没有改变叶片最大光化学效率(F_v/F_m)和叶片电导率。Cd 胁迫之后,番茄的生长严重受到抑制,叶片黄化,生物量下降,而 3μmol/L 不同形态 Se 处理显著缓解了 Cd 胁迫引起的生长抑制。同时,在 Cd 胁迫下,不同形态 Se 处理显著提高了 F_v/F_m,降低了叶片电导率,其中 Se–Cys 处理,叶片电导率下降最明显,而相应的硫化物处理作用并不明显(图 10–9)。这些数据清楚地表明,不同形态 Se 处理显著缓解了番茄植株的 Cd 胁迫,其中 Se–Cys 对番茄植株 Cd 胁迫的缓解作用最为明显,因此后面的研究中选择 Se–Cys 作为唯一的 Se 处理。

三、褪黑素在硒介导的番茄镉胁迫抗性中的作用

为了更好地研究褪黑素是否参与到了 Se 介导的番茄 Cd 胁迫抗性中,我们用 VIGS 的方法沉默了 Se 处理后大量上调的褪黑素的合成基因 TDC,以此来降低内源褪黑素的水平。

从图 10–10 中我们可以清楚地看到,TDC 基因沉默植株(TRV–TDC)与空载体侵染植株(TRV)相比,番茄植株的生长表型几乎没有变化,这表明 TDC 基因沉默并不影响番茄植株的正常生长和生理特性。在非胁迫状态下,外源添加 Se 或褪黑素之后,番茄植株的生长和生物量积累略微提高。尽管如此,Se–Cys 或褪黑素处理显著缓解了 Cd 胁迫。更重要的是,与 TRV 植株相比,TRV–TDC 植株显示出对 Cd 胁迫更加敏感。此外,Se 对 Cd 胁迫的缓解作用在 TRV–TDC 植株显著下降。与此相比,在 TRV 和 TRV–TDC 植株中,我们发现外源褪黑素处理都显著缓解了番茄 Cd 胁迫。研究结果表明,褪黑素参与了 Se 介导的番茄 Cd 胁迫抗性。

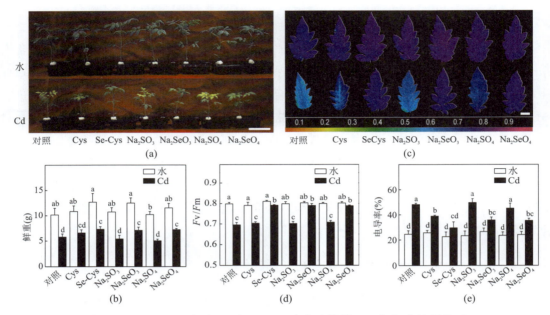

图 10-9 不同形态的 Se 和 S 处理对番茄植株 Cd 毒害的缓解作用

(a)植株表型,标尺=10cm;(b)植物鲜重;(c)Fv/Fm 图像,标尺=1cm;(d)Fv/Fm 数值;(e)电导率。Cys.半胱氨酸;Se-Cys.硒代半胱氨酸;Cd.氯化镉

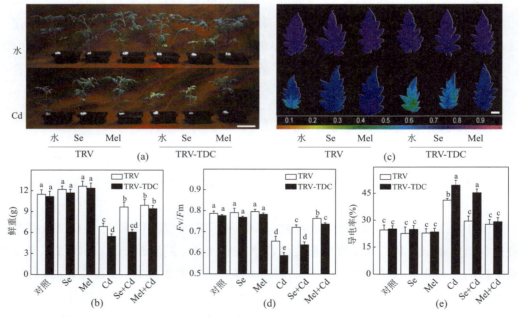

图 10-10 Se-Cys 和褪黑素对 TDC 基因沉默植株和其对照植株 Cd 胁迫的缓解作用

(a)植株表型,标尺=10cm;(b)植物鲜重;(c)Fv/Fm 图像,标尺=1cm;(d)Fv/Fm 数值;(e)电导率。Se.硒代半胱氨酸;Cd.氯化镉;Mel.褪黑素

综合以上研究及前人研究成果,我们可以总结为 Se 缓解 Cd 毒害主要通过以下途径(图 10-11)。第一,Se 可以通过减少 Cd 吸收来缓解重金属胁迫;第二,Se 可以调控氧化还原状态,特别是 GPX(谷胱甘肽过氧化酶)的活性来缓解 Cd 胁迫;第三,Se 通过增加重金属 PCs(植物螯合态)来降低毒性。第四,Se 可以通过提高内源褪黑素的合成,继而激活植物对镉的解毒作用,减少 Cd 从地下部向地上部的转移,从而缓解镉毒害。研究完善 Se 介导的植物 Cd 胁迫的机制,为确保农产品的安全生产具有潜在的意义。

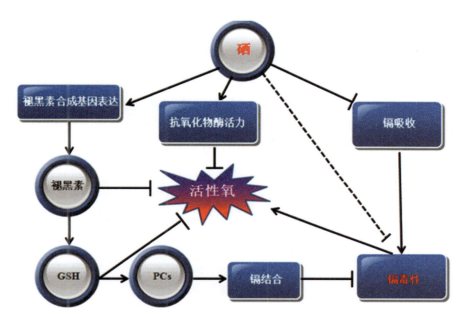

图 10-11　Se 介导的植物 Cd 胁迫抗性模式图

第十一章　典型元素在高效"桑基鱼塘"系统的生态循环研究

"桑基鱼塘"是中国劳动人民在长期生产实践中摸索出来的一种水陆相互作用的人工生态系统。劳动人民将地势低下、常年积水的洼地挖深变成鱼塘,挖出的塘泥则用于堆放在水塘的四周作为塘基,然后逐步演变成为"基面种桑、桑叶养蚕、蚕沙喂鱼、塘泥肥桑"的"桑基鱼塘"生态模式,把桑叶、蚕沙、塘泥之间的物质循环和能量流动联成一个完整的农业生态系统。由潜育型水稻田(洼地)改造成"桑基鱼塘",不仅改变了系统中土壤的性质及农产品品质,还改善了地球化学元素的循环效率。本章从地球化学角度来探索"桑基鱼塘"演变过程,揭示"桑基鱼塘"地球化学循环的高效性,为优化"桑基鱼塘"管理和申报全球重要农业文化遗产提供科学依据。

第一节　"桑基鱼塘"研究背景与方法

一、研究背景

早在9世纪,太湖流域的劳动人民就针对当地的自然生态条件、社会生态条件,充分合理地利用当地优越的水陆资源,创造出了"桑基鱼塘"蚕桑生产模式。至14世纪,"桑基鱼塘"已在太湖流域蚕区迅速发展,遍及湖州菱湖、吴县东山、德清、长兴、桐乡、无锡、吴江等地区。而被世人瞩目并较早开展系统研究的珠江三角洲的"桑基鱼塘"也有400年的历史。17世纪90年代,广东的生丝大量出口,因此刺激了蚕桑生产,形成了"桑基鱼塘"的大发展期。至清末,"桑基鱼塘"面积已超过100万亩。20世纪初,第一次世界大战后,欧洲的蚕桑生产受到重创,转向中国进口生丝,进一步刺激了蚕桑生产,是"桑基鱼塘"的全盛时期。20世纪30年代后,蚕桑业开始衰退,"桑基鱼塘"面积缩小,部分为"蔗基鱼塘"代替。20世纪80年代后,由于商品经济的发展和人民物质生活水平的提高,"桑基鱼塘"系统出现了演变模式——"果基鱼塘""花基鱼塘""杂基鱼塘(蔬菜、豆类、牧草)"等。

湖州地处太湖流域的冲积平原,是一个地势低洼的地区,地下水位高。从纯生态学的角度来讲,基塘系统是一种十分合理的土地利用模式。然而,改革开放以来,由于工业化、城镇化的快速发展以及随之而来的农业生产地位下降、茧丝价格波动下跌等因素,湖州的基塘面积开始急剧萎缩,基塘系统的生产结构和模式也发生了巨大的变化。经营者重鱼塘养殖,轻基面种植或种植与养殖分离等行为严重干扰了"桑基鱼塘"正常的水陆相互作用,对其农业生产功能产生了显著的影响。近年来,随着桑叶及桑葚的生物活性和药理作用的研究发展,其抗氧化、抗炎、降血糖、美白等功能逐一被开发利用,加上桑叶具有富硒功能,使得种桑养蚕的经济效益大大增加。而且"桑基鱼塘"除了作为高效的农业生产系统外,还作为农业文化遗产融入了现代旅游业。因此,湖州不仅具有发展"桑基鱼塘"的悠久历史和地理优势,从桑本身的药用价值和"桑基鱼塘"的旅游效益角度也具有发展"桑基鱼塘"的必要性。

湖州市菱湖镇、和孚镇水稻土由于较高的地下水位长期处于排水不良状态,水稻产量低,经济效益差。由于近年来"桑基鱼塘"逐渐凸显的农业遗产文化价值、旅游价值、生态价值及经济价值等,当地政府正积极引导农户调整农业种植结构,将部分低效的潜育型水稻田及基塘比例失调的"桑基鱼塘"改造成高效的"桑基鱼塘"系统。本书以此为契机,对比分析低效潜育型水稻田和高效"桑基鱼塘"系统中地球化学元素迁移转化过程的差异性,研究"桑基鱼塘"系统元素地球化学迁移规律,探索"桑基鱼塘"土地利用方式下水产养殖所引起的水环境变化,为当地政府建立、恢复和发展"桑基鱼塘"循环生态系统以及申报农业文化遗产等提供理论基础和技术支持。

二、研究区概况

本书选择了湖州市典型"桑基鱼塘"模式分布的菱湖镇、和孚镇作为研究区(图11-1)。研究区位于湖州市东南20km处,区内地貌类型以水网平原为主,地势低而平坦。区内年均气温为15.7℃,年平均降雨量为1 232mm,降雨量主要集中在4~6月和8~9月,占全年总降雨量的70%。土壤母质为长江三角洲-太湖流域冲积沉积物,潟湖相沉积物,土壤类型为水稻土,局部出露潮土。

目前,以湖州市南浔区菱湖镇为中心有近6万亩桑地和15万亩鱼塘,是中国传统"桑基鱼塘"最集中、最大、保留最完整的区域,得到了联合国粮食及农业组织和联合国地球物理基金会的高度肯定。2014年6月,南浔"桑基鱼塘"成功入选了第二批中国重要农业文化遗产,2017年11月"浙江湖州桑基鱼塘系统"被正式认定为"全球重要农业文化遗产"。

三、研究方法

在对研究区详细踏勘的基础上,运用空间代替时间的方法,将稻田改造成"桑基鱼塘"过程分解成3个典型阶段作为研究对象,分别为潜育型稻田系统、"桑基鱼塘"初期系统和"桑基鱼塘"成熟期系统(图11-2)。"桑基鱼塘"初期系统是指由洼地在近2年刚改造成的系统,"桑基鱼塘"成熟期系统是指已形成这种农业模式20年以上的系统。所有样地都处于10km²范围内,除了不同土地利用类型,其他的因子都大致相同,土壤均为水稻土。

潜育型稻田系统改造成"桑基鱼塘"初期阶段的时候,发生了两点主要变化:首先,"桑基鱼塘"初期塘基土壤是源自于稻田的底层土壤或是底层与表层的混合土壤;其次,相对

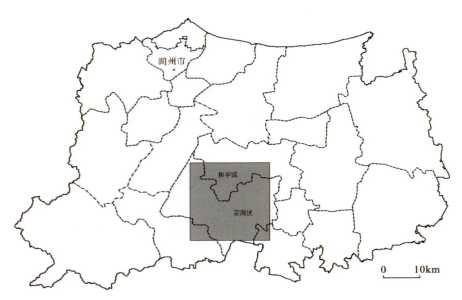

图 11-1 "桑基鱼塘"研究区范围(灰色区域)

(a) 潜育化水稻田

(b) "桑基鱼塘"初期系统

(c) "桑基鱼塘"成熟期系统

图 11-2 "桑基鱼塘"演变过程中的 3 个典型阶段

于稻田系统,"桑基鱼塘"初期塘基土壤的地势高度有了一定的提升,使土壤的氧化还原电位发生了变化。

第二节 "桑基鱼塘"演变过程及其特征分析

"桑基鱼塘"系统的建立,首先改变了潜育型水稻田由于地下水位高、长期处于排水不良的缺氧状况,致使土壤氧化还原电位发生了变化,进而影响系统中地球化学元素的释放与吸收,但这方面的研究鲜见报道。因此,从地球化学角度来研究"桑基鱼塘"演变过程及在不同演变过程中土壤、农产品、水产品的响应,对深化"桑基鱼塘"生态系统的认识和挖掘"桑基鱼塘"生态循环农业模式的内涵具有重要意义。

一、"桑基鱼塘"演变过程中土壤养分性质的响应

1. 各演变阶段土壤有机碳含量分析

土壤有机质是土壤固相部分的重要组分,直接影响和改变土壤的一系列性质。研究表明,"桑基鱼塘"成熟期塘基土壤有机质含量低于稻田土壤,高于"桑基鱼塘"初期(表11-1)。稻田土壤由于秸秆还田等有机物质的输入,且当地地下水位高,稻田长期滞水导致有机质分解速度缓慢,因此有机碳含量较高;"桑基鱼塘"初期的塘基是由稻田底层土壤堆积而成,因而有机碳含量低;"桑基鱼塘"成熟期中桑叶都被采摘喂蚕,有部分桑葚和蔬菜根系等有机物质会输入桑基土壤,还有塘泥上基也会输入部分有机质(表11-2),但桑基土壤地势高于稻田,有机质分解速度较快,故而有机碳含量低于稻田而高于"桑基鱼塘"初期。

表11-1 "桑基鱼塘"3个演变阶段土壤养分含量

土壤性质	潜育型稻田系统	"桑基鱼塘"初期系统	"桑基鱼塘"成熟期系统
pH值	6.85±0.65b	6.34±0.71b	7.75±0.11a
有机碳(g/kg)	27.39±11.05a	14.43±8.32b	19.90±4.97ab
阳离子交换量(cmol/kg)	22.40±4.83a	20.03±1.96a	21.26±2.99a
全氮(g/kg)	2.53±0.84a	1.30±0.46b	2.14±0.49ab
全磷(g/kg)	0.69±0.23b	0.48±0.25b	1.66±0.63a
全钾(g/kg)	20.09±2.50a	20.70±0.88a	19.22±1.58a
碱解氮(mg/kg)	183.78±69.43a	107.67±46.76a	171.44±52.94a
有效磷(mg/kg)	19.43±11.55b	10.41±10.84b	58.98±29.16a
速效钾(mg/kg)	164.67±78.51b	143.67±39.37b	290.89±115.65a

注:数据为平均值±标准差,同一行中不同字母表示LSD检验差异显著($P \leq 0.05$)。

表11-2 鱼塘底泥养分性质

指标	有机质(g/kg)	全氮(g/kg)	全磷(g/kg)	全钾(g/kg)	碱解氮(mg/kg)	有效磷(mg/kg)	速效钾(mg/kg)
含量	19.83	1.45	1.04	16.88	160.00	31.60	175.50

土壤中的阳离子交换量(CEC)常被作为土壤质量的评价指标和土壤施肥、改良等的重要依据,它直接反映土壤保蓄、供应和缓冲阳离子养分的能力。阳离子交换量与有机碳及黏粒含量密切相关。虽然"桑基鱼塘"初期塘基土壤有机碳含量显著低于稻田土壤,但两者土壤CEC变化不明显,这可能与"桑基鱼塘"初期塘基土壤的黏粒含量较高有关。

2. 各演变阶段土壤氮、磷、钾含量分析

土壤氮、碱解氮含量的变化规律与土壤有机碳类似。稻田土壤氮含量最高,"桑基鱼塘"成熟期次之,"桑基鱼塘"初期最低。"桑基鱼塘"成熟期塘基土壤氮含量低于稻田土壤,除了有机物质输入少之外,还与人为施肥有关。据了解,稻田土壤施肥量高于"桑基鱼塘"塘基的施肥量。

稻田土壤磷、钾、有效磷及速效钾含量与"桑基鱼塘"初期塘基土壤中的含量无明显差异,稻田表层土壤磷钾含量受施肥、秸秆还田等的影响,而来自稻田底层的"桑基鱼塘"初期塘基土壤则受母岩影响。"桑基鱼塘"成熟期塘基土壤有效磷和速效钾含量显著高于稻田土壤,这可能是因为当地地下水位高,稻田长期滞水潜育化,导致土壤有效磷、速效钾含量减少,而塘基土壤地势高于稻田土壤,氧化还原电位提高,导致磷钾元素的有效含量增加。

潜育化稻田土壤较高的有机质和全氮含量表明其潜在肥力丰富,但速效养分偏低。稻田改造成"桑基鱼塘"后,虽然来源于稻田下层土壤的"桑基鱼塘"初期塘基养分含量较低,但由于土壤地势高度升高,改变了潜育化的状态,有利于土壤养分的释放,而且经过多年的塘泥上基之后,塘基土壤有机质和氮磷钾含量均比较丰富。这表明,"桑基鱼塘"系统通过不同生物质在系统内部的循环、利用或再利用,最大限度地利用蚕桑生产环境条件,以尽可能少的投入得到更多更好的产品,实现了物质和能量循环的高效性。

二、"桑基鱼塘"演变过程中土壤重金属的响应

1. 各演变阶段表层土壤重金属含量分析

"桑基鱼塘"3个演变阶段的物质循环模式不同,对土壤重金属含量的影响也不同(图11-3)。"桑基鱼塘"初期塘基土壤 Cr、Ni 含量最高,潜育化稻田土壤次之,"桑基鱼塘"成熟期塘基土壤最低。董岩翔等(2007)研究表明,浙江省湖相沉积物 Cr、Ni 地球化学基准值要高于浙北地区水稻土元素环境背景值,而"桑基鱼塘"初期塘基土壤来源于水稻田底层土壤,这也就解释了为何"桑基鱼塘"初期塘基土壤 Cr、Ni 含量高于稻田土壤,但并没有达到显著差异。"桑基鱼塘"成熟期塘基土壤 Cu、Zn、Cd、Pb、As、Hg 含量均高于"桑基鱼塘"初期,但仅有 Zn 含量显著高于潜育化稻田土壤。这说明,"桑基鱼塘"生态农业模式系统运行多年以后,大气干湿沉降所带来的重金属元素以及系统养鱼过程中使用含有硫酸铜的杀虫剂和养蚕时为防僵蚕使用含 Hg 的西利生等,虽然会导致"桑基鱼塘"塘基土壤重金属含量增加,但"桑基鱼塘"成熟期塘基土壤各个重金属含量和稻田土壤相类似,说明"桑基鱼塘"生态农业模式并不会导致重金属的累积。

"桑基鱼塘"成熟期塘基土壤 Cr、Ni、Cu、Zn、Pb、As、Cd 等重金属含量均低于《土壤环境质量—农用地土壤污染风险管控标准(试行)》(GB 15618—2018)的筛选值(pH>7.5),说明"桑基鱼塘"成熟期塘基土壤污染风险低,基本上对植物和环境不会造成危害,可以保障农业生产和维护人体健康。

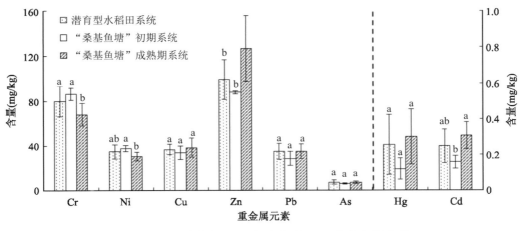

图 11-3 "桑基鱼塘"3 个演变阶段土壤重金属含量

2. 演变阶段剖面土壤重金属含量分析

在不同演变阶段(潜育型稻田系统和"桑基鱼塘"成熟期系统),8 种重金属随土壤深度的增加变化也不一致(图 11-4)。

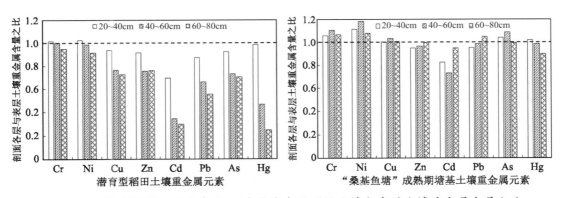

图 11-4 潜育型稻田、"桑基鱼塘"成熟期各层剖面土壤与表层土壤重金属含量之比

在潜育型稻田土壤中,除 Cr、Ni 外,其余 6 种重金属含量都在一定程度上表现为随土壤深度增加而下降的趋势,其中 Cd 和 Hg 下降幅度最大,在 60~80cm 土层中的含量分别仅为 0~20cm、40~60cm 土层中含量的 30% 和 25%。Cr、Ni 两种重金属在 20~40cm 土层中的含量略高于 0~20cm 土层中的含量,60~80cm 土层中的含量略低于 0~20cm 土层中的含量。这也验证了前文中"桑基鱼塘"初期塘基土壤 Cr、Ni 含量略高于稻田土壤的结果。而在"桑基鱼塘"成熟期塘基土壤中,8 种重金属元素随土层加深并没有表现出下降的趋势。除 Cd 外,其余 7 种重金属在 20~40cm、40~60cm 和 60~80cm 土层中的含量均略高于或略低于 0~20cm 表层土壤。仅 Cd 元素在 20~40cm、40~60cm 和 60~80cm 土层中的含量均低于 0~20cm 表层土壤,分别为表层土壤含量的 83%、73% 和 95%。"桑基鱼塘"成熟期塘基土壤重金属含量随土壤剖面变化的无序性可能与潜育型稻田改造成"桑基鱼

塘"过程中人为扰动及在"桑基鱼塘"系统运行过程中挖塘泥补充基面肥力等操作有关。

3. 土壤重金属相关性分析

为了分析"桑基鱼塘"不同演变阶段（潜育型稻田和"桑基鱼塘"成熟期）土壤重金属积累的主要来源，对各演变阶段土壤重金属进行相关性分析。同一区域土壤重金属的来源可以是单一的，也可以是多种的，研究土壤重金属全量之间的相关性可以推测出重金属来源是否相同，如果重金属含量有显著相关性，说明元素之间具有相同来源的可能性大，反之则表示来源不同。从表11-3可以看出，潜育型稻田土壤重金属含量之间普遍表现出正相关关系。Cr、Ni、Cu、Zn、Cd、Pb相互之间存在显著或极显著的相关性，由此可以初步推断，Cr、Ni、Cu、Zn、Cd、Pb之间来源相同，这些重金属在土壤中的含量可能主要源于成土母质，而人为源释放较少。As与Cr、Ni、Cu、Zn相关性不显著，Hg与Cr、Ni相关性不显著，表明两组重金属来源不同，可能受人为活动干扰导致。

表 11-3 潜育型稻田土壤重金属元素之间相关性分析

	Cr	Ni	Cu	Zn	Cd	Pb	As	Hg
Cr	1							
Ni	0.884**	1						
Cu	0.818**	0.801**	1					
Zn	0.675**	0.621**	0.864**	1				
Cd	0.509*	0.541*	0.826**	0.881**	1			
Pb	0.584**	0.583**	0.870**	0.901**	0.942**	1		
As	0.274	0.333	0.338	0.440	0.578**	0.578**	1	
Hg	0.271	0.359	0.621**	0.587**	0.759**	0.820**	0.505*	1

从表11-4可以看出，"桑基鱼塘"成熟期塘基土壤重金属含量之间相关关系有正有负，其中Hg与其余7种重金属含量之间均为负相关关系。Cu、Zn、Cd、Pb相互之间存在极显著的相关性，由此可以初步推断，Cu、Zn、Cd、Pb之间来源相同，可能主要源于成土母质。Cr与Cu、Zn、Cd、Pb相关性不显著，Ni与Zn、Cd、Pb相关性不显著，As与Zn、Cd、Pb、Hg相关性不显著，Hg与Ni、Cu、Cd、Pb相关性不显著，表明这4组重金属来源不同。稻田系统受人为影响较小，故而重金属来源较单一；而"桑基鱼塘"成熟期系统的重金属来源有陆生系统中的农药喷洒、养蚕时使用含Hg的西利生和水生系统中使用含有硫酸铜的杀虫剂、含少量重金属的鱼饲料等多个渠道，因而"桑基鱼塘"成熟期塘基土壤重金属元素之间相关性分析较复杂。

"桑基鱼塘"成熟期系统中土壤重金属元素虽然来源复杂，但经过多年的系统运行之后，土壤重金属并没有持续累积，土壤质量基本上对植物和环境不造成危害和污染，可以保障农业生产和维护人体健康。

表 11-4 "桑基鱼塘"成熟期塘基土壤重金属元素之间相关性分析

	Cr	Ni	Cu	Zn	Cd	Pb	As	Hg
Cr	1							
Ni	0.884**	1						
Cu	0.396	0.451*	1					
Zn	0.369	0.402	0.795**	1				
Cd	0.022	−0.020	0.625**	0.849**	1			
Pb	0.327	0.276	0.814**	0.843**	0.754**	1		
As	0.781**	0.668**	0.593**	0.366	0.167	0.389	1	
Hg	−0.589**	−0.424	−0.151	−0.448*	−0.266	−0.171	−0.460*	1

三、"桑基鱼塘"演变过程中农产品品质的变化

潜育型稻田系统中的农产品为稻谷,而"桑基鱼塘"成熟期系统中的农产品为桑叶和桑葚,农产品种类不同,无法作直接比较。为了反映"桑基鱼塘"演变过程中农产品品质的变化,本书在湖州东部地势较高的练市等地采集了潜育型稻田和普通桑园中的农产品作对比。

1. 各演变阶段农产品硒含量分析

潜育型和潴育型稻田土壤、稻谷的硒含量,"桑基鱼塘"和普通桑园土壤、桑叶、桑葚的硒含量如图 11-5 所示。桑叶富硒标准采用《富硒食品与其相关产品硒含量标准》(DB61/T 556—2012)中桑蚕蛹的相关标准。

与潴育型稻田土壤相比,潜育型稻田土壤 Se 含量较高,但稻谷的 Se 含量却低于潴育型,说明潜育型稻田土壤元素转化效率较低。"桑基鱼塘"的土壤 Se 含量略低于普通桑园土壤,而"桑基鱼塘"的桑叶、桑葚 Se 含量均分别略高于普通桑园的桑叶、桑葚。结果表明,潜育型稻田改造成"桑基鱼塘",使得在地势较低的菱湖地区农产品对 Se 的吸收能力提高,且超过了地势较高的湖州东部练市等地区。潜育型稻田生产的稻谷 Se 含量低于富 Se 标准(>0.04 mg/kg),而"桑基鱼塘"塘基上种植的桑叶则达到了富 Se 农产品的标准(>0.02 mg/kg)。总的

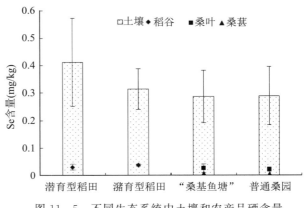

图 11-5 不同生态系统中土壤和农产品硒含量

来说,湖州市菱湖镇、和孚镇等地势较低地区的潜育性稻田土壤中 Se 含量丰富,但不利于农作物吸收;改造成"桑基鱼塘"后,元素的循环利用率明显改善。这是"桑基鱼塘"物质循环高效性的有力证据之一。

2. 各演变阶段农产品重金属含量分析

潜育型和潴育型稻田土壤、稻谷的重金属含量,"桑基鱼塘"和普通桑园土壤、桑叶、桑葚的重金属含量如表 11-5 所示。就稻田系统而言,除了 Cr、Ni 两个元素外,潜育型稻田系统中稻谷对重金属的吸收效率均低于潴育型稻田。在潜育型稻田改造成"桑基鱼塘"之后,"桑基鱼塘"塘基上生产的桑叶和桑葚对土壤重金属 Pb、As、Hg 的吸收效率要高于地势较高的湖州东部普通桑园。这表明湖州市菱湖镇、和孚镇等地势较低地区的潜育性稻田改造成"桑基鱼塘"使得系统农产品对土壤重金属的吸收效率提升。

表 11-5 不同生态系统中土壤和农产品的重金属含量　　单位:mg/kg

元素	Cr	Ni	Cu	Zn	Pb	As	Hg	Cd
潜育型稻田								
稻谷	0.25	0.31	1.71	13.07	0.10	0.1015	0.004 1	0.013 1
土壤	79.73	34.83	36.86	99.12	34.78	7.221 1	0.255 6	0.247 8
潴育型稻田								
稻谷	0.23	0.27	3.08	17.84	0.11	0.161 7	0.006 2	0.011 9
土壤	87.28	37.13	33.28	100.65	33.83	7.622 5	0.192 5	0.242 5
"桑基鱼塘"								
桑葚	0.09	0.33	0.80	2.01	0.04	0.005 4	0.000 4	0.001 8
桑叶	1.13	2.96	7.27	20.38	0.89	0.153 3	0.028 0	0.026 2
土壤	67.94	30.47	38.50	126.59	35.06	7.178 9	0.300 0	0.307 8
普通桑园								
桑葚	0.08	0.19	0.68	1.47	0.02	0.004 2	0.000 3	0.001 4
桑叶	1.48	2.50	7.32	20.69	0.30	0.085 1	0.013 5	0.026 1
土壤	84.80	33.40	33.15	92.75	34.05	8.520 0	0.225 0	0.160 0

参考《食品中污染物限量》(GB 2762—2012),无论是潜育型稻田还是潴育型稻田系统生产的稻谷重金属含量均未超标,但"桑基鱼塘"和普通桑园生产的桑叶 Cr、Pb、Hg 等重金属含量超标,桑葚重金属含量未超标。

3. 各演变阶段农产品主要营养成分含量分析

潜育型稻田和潴育型稻田中稻谷的养分含量如表 11-6 所示,"桑基鱼塘"和普通桑园桑叶、桑葚的养分含量如表 11-7、表 11-8 和表 11-9 所示。

表 11-6　稻谷的主要矿质养分含量

稻谷	N(%)	P(%)	K(%)	Ca(%)	Mg(%)
潜育型稻田	1.58	0.24	0.22	0.01	0.08
潴育型稻田	1.52	0.25	0.41	0.03	0.16
稻谷	S(%)	Fe(mg/kg)	Mn(mg/kg)	B(mg/kg)	Mo(mg/kg)
潜育型稻田	0.11	11.13	16.48	1.06	0.49
潴育型稻田	0.12	19.72	31.17	2.49	0.46

潜育型稻田和潴育型稻田系统中稻谷的矿质元素测定结果表明，潜育型稻田中的稻谷在测定的 10 种矿物元素中有 P、K、Ca、Mg、S、Fe、Mn、B 8 种元素含量低于潴育型稻田生产的稻谷（表 11-6），说明潴育型稻田产出的稻谷质量优于潜育型稻田。

"桑基鱼塘"系统和普通桑园的桑叶矿质元素含量测定结果表明，"桑基鱼塘"中的桑叶在测定的 10 种矿物养分中有 K、Ca、Fe、Mo 4 种元素含量高于普通桑园的桑叶，其余均低于普通桑园的桑叶。而"桑基鱼塘"系统和普通桑园的桑葚养分含量测定结果表明，"桑基鱼塘"系统中的桑葚在测定的 10 种矿物养分中有 N、P、K、Ca、Mg、Fe、B、Mo 8 种元素含量高于普通桑园的桑葚，只有 S 和 Mn 含量低于普通桑园（表 11-7）。这说明，"桑基鱼塘"系统和普通桑园生产的桑叶在矿质元素品质方面没有显著差异，但"桑基鱼塘"系统的桑葚质量要优于普通桑园。

表 11-7　桑叶和桑葚的主要矿质元素含量

	N(%)	P(%)	K(%)	Ca(%)	Mg(%)	S(%)	Fe(mg/kg)	Mn(mg/kg)	B(mg/kg)	Mo(mg/kg)
"桑基鱼塘"系统										
桑叶	0.92	0.08	0.54	0.55	0.11	0.06	27.62	18.21	7.85	0.14
桑葚	0.27	0.05	0.26	0.07	0.03	0.02	9.09	3.58	1.97	0.07
普通桑园										
桑叶	1.12	0.10	0.50	0.47	0.16	0.07	25.90	60.80	8.30	0.05
桑葚	0.25	0.04	0.20	0.04	0.02	0.02	7.33	3.59	1.35	0.05

桑叶品质指标除了矿质元素含量之外，还包括粗脂肪、粗蛋白、粗纤维、维生素 C、维生素 E、必需氨基酸及氨基酸总量等营养品质指标。氨基酸在自然界常见的有 20 多种，其中 8 种氨基酸在人体内不能合成，只能从食物中摄取，称之为必需氨基酸。测试分析结果表明，"桑基鱼塘"桑叶的粗纤维、必需氨基酸和氨基酸总量等含量均高于普通桑园，其

粗蛋白、维生素 C、维生素 E 等含量低于普通桑园(表 11-8、表 11-9)。桑叶的主要营养品质在"桑基鱼塘"和普通桑园中没有显著差异。

表 11-8 不同生态系统农产品的主要营养成分含量

主要营养成分	桑叶		桑葚	
	"桑基鱼塘"	普通桑园	"桑基鱼塘"	普通桑园
粗脂肪(%)	0.10	0.10	1.30	0.90
粗蛋白(%)	5.87	6.29	1.80	1.71
粗纤维(%)	3.14	2.80	1.16	1.00
维生素 C(mg/100g)	50.42	65.40	9.86	9.93
维生素 E(mg/100g)	1.64	2.14	0.16	0.19
总糖(%)	—	—	12.14	9.20

表 11-9 不同生态系统农产品的氨基酸组成及含量(%)　　单位:%

氨基酸种类	桑叶		桑葚	
	"桑基鱼塘"	普通桑园	"桑基鱼塘"	普通桑园
苏氨酸(THR)	0.27	0.24	0.05	0.05
缬氨酸(VAL)	0.30	0.27	0.06	0.06
蛋氨酸(MET)	0.01	0.01	0.01	0.01
异亮氨酸(ILE)	0.24	0.22	0.04	0.04
亮氨酸(LEU)	0.45	0.41	0.07	0.08
苯丙氨酸(PHE)	0.29	0.27	0.05	0.06
赖氨酸(LYS)	0.36	0.32	0.06	0.07
天门冬氨酸(ASP)	0.58	0.49	0.31	0.37
丝氨酸(SER)	0.28	0.24	0.08	0.08
谷氨酸(GLU)	0.57	0.52	0.29	0.28
脯氨酸(PRO)	0.31	0.26	0.08	0.08
甘氨酸(GLY)	0.30	0.26	0.06	0.07
丙氨酸(ALA)	0.33	0.30	0.07	0.08
酪氨酸(TYR)	0.14	0.14	0.03	0.03
组氨酸(HIS)	0.22	0.19	0.13	0.04
精氨酸(ARG)	0.27	0.25	0.07	0.08
氨基酸总量	4.91	4.39	1.47	1.48
必需氨基酸	1.92	1.74	0.35	0.37

桑葚营养品质指标包括粗脂肪、粗蛋白、粗纤维、维生素C、维生素E、总糖、必需氨基酸及氨基酸总量等，其中总糖含量是果品风味品质的主要指标。"桑基鱼塘"桑葚的粗脂肪、粗蛋白、粗纤维、总糖等含量均高于普通桑园，仅维生素C、维生素E等含量低于普通桑园，两个生态系统中的桑葚必需氨基酸和氨基酸总量等含量相似。从主要营养成分含量方面来看，"桑基鱼塘"和普通桑园桑葚没有显著差异。综合矿质元素、营养元素和氨基酸等品质指标，桑基鱼塘生产的桑叶、桑葚品质均和普通桑园的相近。

桑葚的营养品质与人体的营养健康有关，而果形主要起到激发人们食欲的作用。与普通桑园相比，"桑基鱼塘"的桑葚果形较差。因此"桑基鱼塘"桑葚的利用开发方式更适合于加工成桑葚饮品，而不是直接采摘。

由上述对"桑基鱼塘"演变过程中农产品品质分析可知，与潴育型稻田土壤相比，潜育性稻田土壤中Se含量丰富，但不利于农作物吸收，产出的稻谷质量在矿质元素品质方面亦低于潴育型稻田；改造成"桑基鱼塘"后，农产品对Se和重金属的循环利用率明显增加，"桑基鱼塘"塘基上种植的桑叶达到富硒农产品标准，桑叶和桑葚品质无论在矿质元素还是营养成分上均与普通桑园相近。

四、"桑基鱼塘"对水环境及水产品的影响

1. "桑基鱼塘"水产养殖对水环境的影响

传统"桑基鱼塘"水生系统在运行过程中，鱼类所消耗的鱼塘养分由基面土壤冲刷入塘中进行营养补充，鱼饲料由养蚕过程中多余的蛹和蚕沙充当，塘泥定期作为肥料上基，养分形成封闭式的重复利用，利用率较高。在近十几年来，随着市场经济的发展，"桑基鱼塘"不论从养殖类型还是从养殖方法上都发生了较大的变化。传统的基塘系统是水面养殖、基面种植并重，通过合理的基塘比例和养殖比例，使得外源输入最小，现在的基塘系统由于片面追求养殖的经济效益，基面种植已不受重视，系统内部的物质循环也受阻，外源（饲料）输入的猛增使得养殖水体的生态环境发生了深刻的变化。随着基塘系统的日益演变，其带来的水环境问题不容忽视。

以《地表水环境质量标准》（GB 3838—2002）Ⅲ类水基本项目限值作参考，湖州桑基鱼塘塘水重金属Se、氰化物、氟化物及挥发酚等项目皆低于Ⅲ类水限值，但总氮、氨氮、总磷和高锰酸钾指数等却显著高于Ⅲ类水限值（表11-10）。结果表明，"桑基鱼塘"运行并没有导致塘水重金属和有机物的污染，但水质富营养化严重。这与现在"桑基鱼塘"的经营模式有直接的关系，"桑基鱼塘"经营者为了增加经济效益过多投入鱼饲料，且由于人工费用的增加减少了塘泥肥基次数，水生系统的养分不能及时地转化为基面肥料，使基塘系统间的物质能量转化减弱。

2. "桑基鱼塘"对水产品品质的影响

本书共采集了鲈鱼、青鱼、黄颡鱼、草鱼、黑鱼、鲫鱼、花鲢等当地"桑基鱼塘"养殖的主

要鱼类品种。以《农产品安全质量 无公害水产品安全要求》(GB 18406.4—2001)作参考，湖州"桑基鱼塘"养殖的淡水鱼 Pb、Cu、Cd、Cr、Hg 等重金属含量皆低于最高限量值(表 11-11)，但有 50% 的样品 As 含量高于最高限量值，其中 16.67% 的淡水鱼 As 含量为最高限量值的 2~3 倍。As 含量超标的淡水鱼主要集中在鲈鱼和黄颡鱼两个品种，这可能与鲈鱼以投喂冰冻海水小杂鱼为主有关，As 是水环境中典型的重金属污染物，其随着食物链逐级传递富集。

表 11-10 湖州"桑基鱼塘"水环境质量　　　　　　　　　　　　　单位:mg/L

指标	Cr	Cu	Zn	As	Cd	Hg	Pb	Se
塘水	0.005	0.012	0.007	0.007	0.00003	0.00006	0.002	0.0008
标准	0.05	1.0	1.0	0.05	0.005	0.0001	0.05	0.01
指标	pH 值	总氮	氨氮	总磷	COD_{Mn}	氰化物	氟化物	挥发酚
塘水	7.55	8.63	5.67	0.37	8.20	0.003	0.43	<0.002
标准	6~9	1.0	1.0	0.2	6.0	0.2	1.0	0.005

注：标准指《地表水环境质量标准》(GB 3838—2002)Ⅲ类水基本项目限值，Ⅲ类水主要适用于集中式生活饮用水地表水源地二级保护区、鱼虾类越冬场、洄游通道、水产养殖区等渔业水域及游泳区。

表 11-11 湖州"桑基鱼塘"水产品质量

指标	Pb(mg/kg)	Cu(mg/kg)	Cd(mg/kg)	Cr(mg)	As(mg/kg)	Hg(mg/kg)
淡水鱼	0.071	0.373	0.004	0.356	0.540	0.014
标准	0.5	50	0.1	2.0	0.5	0.3
指标	蛋白质(%)	脂肪(%)	Se(mg/kg)	孔雀石绿(μg/kg)	无色孔雀石绿(μg/kg)	五氯酚钠(μg/kg)
淡水鱼	16.794	2.172	0.197	未检出	未检出	未检出

注：标准指《农产品安全质量 无公害水产品安全要求》(GB 18406.4—2001)有害、有毒物质最高限量。

孔雀石绿、无色孔雀石绿和五氯酚钠等有机污染物在样品中均未检出（孔雀石绿和无色孔雀石绿的检出限均为 0.5μg/kg，五氯酚钠的检出限为 1.0μg/kg）。

根据《富硒食品与相关产品硒含量标准》(DB 61/T 556—2018)，富硒水产品 Se 含量要求为 0.08~0.60mg/kg，则湖州桑基鱼塘淡水鱼样品 100% 均为富硒鱼。营养成分的检测结果显示，鱼样品蛋白质含量 16.79%，脂肪 2.17%。综上所述，"桑基鱼塘"水生系统的淡水鱼不仅含有丰富的蛋白质，而且 Se 含量高于普通淡水鱼，是人体补充蛋白质和微量元素的良好来源，但需控制重金属 As 元素的输入。

比较湖州"桑基鱼塘"鱼体重金属含量和国内外一些已知污染程度的经济鱼类重金属含量，如表 11-12 所示。从表中数据对比可知，与处于安全水平的浙江沿海相比，Cr 在湖州"桑基鱼塘"成品鱼中的含量要远高于浙江沿海，As 略高于浙江沿海。与处于轻微污染的珠江三角洲、胶州湾和鄱阳湖水域相比，湖州"桑基鱼塘"成品鱼中 Cr 含量与达到轻度污染的水域较为接近。因此，有关部门应该引起足够的重视，加大对"桑基鱼塘"含 Cr 和 As 投入品的控制。总体上对比分析，"桑基鱼塘"鱼类重金属含量还是较为安全的。

表 11-12　湖州桑基鱼塘塘鱼与其他流域鱼类重金属含量比较　　单位：mg/kg

水域	污染程度	Cr	Cu	Zn	Cd	Pb	As	Hg
松花江	重度污染	—	1.94	26.4	0.07	1.12	—	0.072
珠江三角洲	轻微污染	0.440	2.30	7.69	0.18	0.29		
胶州湾	轻微污染		0.50	5.53	0.11	0.63		
浙江沿海	安全	0.075	0.55	8.80	0.02	0.05	0.51	0.047
鄱阳湖	轻微污染	—	7.20	17.71	0.02	0.04	—	—
湖州"桑基鱼塘"		0.356	0.37	8.25	0.004	0.07	0.54	0.014

注："—"表示数据未测定。

五、"桑基鱼塘"的建立对人体健康状况的影响

基于湖州"桑基鱼塘"出产的桑叶 Cr、Pb、Hg 等重金属含量超标、养殖的淡水鱼 As 含量超标，但又都同时富硒的情况，开展了重金属超标引发地方病等情况的调查。通过实地走访发现，当地居民健康状况良好，并未出现由重金属导致的致癌、致畸等地方性疾病。

自古以来，头发在中国人的心目中有着特殊的地位和价值，从科学的角度上看，头发也可作为生命力或活力的象征，头发的元素水平代表了身体元素的总体水平。头发元素分析亦已成为疾病诊断的重要手段和辅助工具。为了深入了解和分析"桑基鱼塘"的建立对人体健康造成的影响，本研究采集了 30 件湖州"桑基鱼塘"地区及 30 件湖州东部非"桑基鱼塘"地区练市镇和南浔镇的居民毛发，分析其重金属及 Se 含量。在采集人体毛发时，选择身体健康，半年内无染发、烫发史的当地常驻居民。湖州"桑基鱼塘"和非"桑基鱼塘"地区居民毛发重金属及 Se 含量水平如表 11-13 所示。

由表 11-13 可知，除湖州桑基鱼塘地区个别居民人体毛发 Cd 超标外，湖州居民人体毛发重金属和 Se 含量均值皆处于正常参考值范围内。这表明，虽然"桑基鱼塘"生产的桑叶部分重金属含量超标及养殖淡水鱼 As 含量超标，但并没有出现在人体中富集的情况。这可能与桑叶和鱼均富硒有关，Se 可在人体内与重金属形成蛋白复合物而排出体外，也能对重金属产生拮抗作用，阻止人体对重金属的吸收。

"桑基鱼塘"地区居民毛发 Cd 平均含量显著高于非"桑基鱼塘"地区（$P<0.05$），除此之外，两个地区居民毛发重金属和 Se 含量没有显著性差异（$P>0.05$）。由上述"桑基鱼塘"演变过程中农产品品质的变化分析可知，潜育型稻田稻谷对 Se 和重金属的吸收效率较低，改造成"桑基鱼塘"后，"桑基鱼塘"农产品对 Se 和重金属 Pb、As、Hg 的吸收能力提

高,且超过了地势较高的湖州东部练市镇等非"桑基鱼塘"地区。这可能是导致两个地区居民毛发重金属和 Se 含量没有显著性差异的原因,因为"桑基鱼塘"地区居民既食用潜育型稻田生产的稻米(重金属含量较低),又食用"桑基鱼塘"系统生产的桑葚、蚕蛹、鱼等产品(重金属含量较高,同时富 Se)。

表 11 - 13 湖州"桑基鱼塘"和非"桑基鱼塘"地区居民毛发重金属及 Se 含量水平 单位:mg/kg

元素	地区	均值	标准差	范围	P	正常参考值范围
Cu	"桑基鱼塘"区	9.83	2.96	6.43~22.17	0.683	8.00~20.00
	非"桑基鱼塘"区	10.16	3.20	5.20~22.15		
Zn	"桑基鱼塘"区	140	47	78~268	0.195	120~210
	非"桑基鱼塘"区	127	36	76~262		
As	"桑基鱼塘"区	0.10	0.06	0.02~0.26	0.555	<1.00
	非"桑基鱼塘"区	0.11	0.04	0.02~0.24		
Cd	"桑基鱼塘"区	0.15	0.28	0.01~1.26	0.045	<0.50
	非"桑基鱼塘"区	0.03	0.03	0.01~0.14		
Hg	"桑基鱼塘"区	0.75	0.39	0.24~1.88	0.483	<1.50
	非"桑基鱼塘"区	0.69	0.37	0.27~1.97		
Ni	"桑基鱼塘"区	0.70	0.60	0.14~2.88	0.917	0.30~1.10
	非"桑基鱼塘"区	0.72	1.28	0.11~7.00		
Pb	"桑基鱼塘"区	1.79	1.64	00.12~7.16	0.276	<10.00
	非"桑基鱼塘"区	1.35	1.44	0.17~5.08		
Cr	"桑基鱼塘"区	0.88	0.52	0.11~2.03	0.332	0.30~1.20
	非"桑基鱼塘"区	0.72	1.06	0.11~5.71		
Se	"桑基鱼塘"区	0.28	0.13	0.13~0.52	0.165	0.20~0.60
	非"桑基鱼塘"区	0.33	0.14	0.03~0.51		

注:正常参考值范围参考《中国居民成人头发中 13 种元素正常参考值范围》(H/ZWYH 03—2005)、《中国居民成人头发 7 种元素正常参考值范围》(H/ZWYH 01—2007)和《中国居民的头发铅、镉、砷、汞正常值上限》(秦俊浩,2004)。

六、演变过程中土壤及农产品的响应机制

"桑基鱼塘"生态系统的建立是以地质作用为基础,系统演变是以强烈的人类干扰为驱动力,以商品经济效益增加为诱因,以地势高度的变化为本质,以出现桑基和鱼塘物质能量密切联系循环为标志的复合过程。土壤是在气候、植被、地形、母质等因子综合作用

下形成的,并随着植被演替的进行总是在不断地发生变化。研究显示,演变过程中土壤性质的变化同时受到成土母质、地形高度等多种因素影响。

受成土母质、地势高度和土地利用等影响,潜育化稻田土壤有机质和全氮含量较高,但速效养分偏低,重金属含量皆低于土壤环境质量二级标准值,土壤 Se 含量丰富,但不利于农作物吸收;改造成"桑基鱼塘"初期,受稻田底层土壤影响,土壤养分及重金属含量较低;随着地势升高,经过多年系统运行,塘基土壤有机质和氮磷钾含量均比较丰富,但重金属含量并没有累积,"桑基鱼塘"塘基上种植的桑叶达到富硒农产品标准。究其原因,土壤地势高度的改变发挥了重要的作用,而地势高度对土壤性质的影响,首先是改变了土壤的氧化还原电位,致使土壤其他性质发生了变化,进而影响农作物对土壤元素的吸收。土壤氧化还原电位为 200~700mV 时,养分供应正常。湖州市菱湖镇、和孚镇等地地势较低、地下水位高造成了潜育型稻田处于长期渍水的状况。经实地测定,其土壤氧化还原电位均值为 -33mV,土壤对农作物的养分供应受到限制。改造成"桑基鱼塘"后,土壤的地势高度增加,土壤氧化还原电位提高到 220mV,改善了系统中地球化学元素的释放与吸收,使农产品对元素的吸收效率增加,元素在系统中的循环速率增加。

综上所述,"桑基鱼塘"演变过程特征及土壤、农产品的响应机制可归纳为潜育型稻田由于地势地下,氧化还原电位低,虽然土壤养分丰富,但不利于农作物吸收,稻谷对重金属和 Se 的吸收效率亦较低;改造成"桑基鱼塘"初期,土壤氧化电位随着地势的升高已经发生改变,但对土壤性质影响效应还没得到发挥,土壤性质主要受稻田底部土壤性质的影响,这阶段土壤养分及重金属元素含量下降。随着"桑基鱼塘"系统的运行,土壤氧化电位升高改善了元素的释放与吸收,"桑基鱼塘"成熟期土壤养分和元素转化效率得到了明显的改善,农产品对重金属和硒的吸收效率亦较高(图 11-6)。

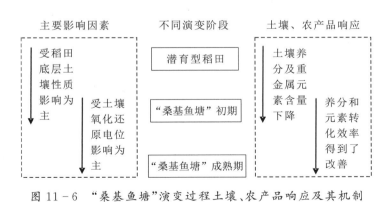

图 11-6 "桑基鱼塘"演变过程土壤、农产品响应及其机制

第三节 "桑基鱼塘"系统元素的地球化学迁移

"桑基鱼塘"系统内,桑地土壤中多余的营养元素随着雨水冲刷又流入鱼塘,养蚕过程中多余的蚕蛹和蚕沙作为鱼饲料和鱼塘的肥料,鱼塘肥厚的淤泥挖运到四周塘基上作为

桑树肥料,元素随着营养物质和废弃物在系统内的循环利用而迁移转化。"桑基鱼塘"系统元素的地球化学迁移研究对于揭示"桑基鱼塘"水陆相互作用和系统的循环高效性等具有重要意义,是当前"桑基鱼塘"研究领域的空白处之一。

一、元素在"桑基鱼塘"陆生系统中的迁移过程

"桑基鱼塘"系统从太阳能进入桑开始,经过养蚕而结束于塘鱼,是一个完整的生态系统。塘泥推上基面以后,又开始第二次生态循环。物质在陆生系统中的循环开始于桑树从土壤中吸收营养物质,输送到桑叶、桑葚,桑叶养蚕将物质迁移至蚕蛹、蚕沙,这是一个大循环,而部分桑叶、桑葚落入基面土壤及部分蚕沙作为肥料施入基面土壤,这是一个小循环,大小循环层次分明、相互作用。

1. 矿质元素在土壤-桑叶、桑葚-蚕沙中的迁移

元素富集系数是植物体内元素含量与土壤中元素含量的比值,用来表征元素在土壤-植物体系中迁移的难易程度,系数越高,说明元素越容易从土壤进入植物体内。

由图11-7中富集系数可知,桑叶和桑葚对土壤不同矿质元素的迁移富集能力不同。桑叶对土壤P的富集系数最大,其次为Ca,依次分别是K、Mo、Mg、B、Mn、Fe,即桑叶对土壤P和Ca有较强的富集能力,对Fe的富集能力最弱。桑葚亦对土壤P的富集系数最大,其次为K,依次分别是Mo、Ca、Mg、B、Mn、Fe,即桑葚对土壤P和K有较强的富集能力,对Fe的富集能力最弱。桑叶对土壤矿质元素的吸收能力普遍比桑葚强。两者对土壤Ca的吸收能力差异较大。

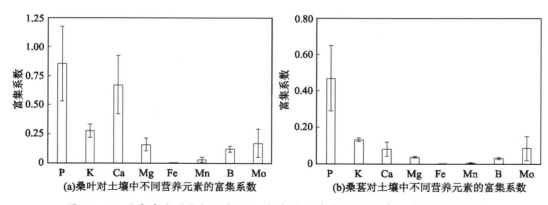

图11-7 "桑基鱼塘"系统桑叶和桑葚对土壤中不同营养元素的富集系数

进一步对桑叶、桑葚与土壤中这8种矿质元素含量的相关关系作分析。分析结果表明,桑叶B与土壤B之间呈显著正相关,相关系数达0.90,桑叶K与土壤K之间的相关性不明显,但与土壤中速效钾呈显著正相关,相关系数为0.52,其余矿质元素之间的相关性不明显;桑葚矿质元素含量与土壤对应元素之间相关性均不明显。农作物对土壤矿质元素的吸收是一个复杂的过程,影响因素较多。与桑葚相比,桑叶矿质元素含量与土壤矿

质元素之间的关系更加密切。

由桑叶与桑葚之间矿质元素相关性分析可知,桑叶 K 和桑葚 K、桑叶 Fe 和桑葚 Fe、桑叶 Mn 和桑葚 Mn、桑叶 B 和桑葚 B、桑叶 Mo 和桑葚 Mo 之间呈正相关关系,其中桑叶 Mo 和桑葚 Mo 之间呈显著正相关,相关系数达 0.88,其余矿质元素之间的相关性不明显,说明桑叶 K、Fe、Mn、B、Mo 对桑葚中对应的矿质元素有增效作用。桑叶 P 和桑葚 P、桑叶 Ca 和桑葚 Ca、桑叶 Mg 和桑葚 Mg 之间呈负相关关系,相关性均不显著,说明桑叶和桑葚对 P、Ca、Mg 的吸收有竞争关系。

由桑叶与蚕沙之间矿质元素相关性分析可知,桑叶 Mn 和蚕沙 Mn 之间呈显著正相关,相关系数达 0.75;桑叶 Mo 和蚕沙 Mo 之间呈显著正相关,相关系数达 0.76(图 11-8);其余矿质元素之间的相关性不明显。结果表明,虽然被蚕摄食的桑叶中有部分物质未被利用,随蚕沙排出,使蚕沙中 Mo、Mn 等矿质元素与桑叶密切相关,但蚕沙中大部分矿质元素则还受蚕自身的状况及其所处的生长发育期等影响。

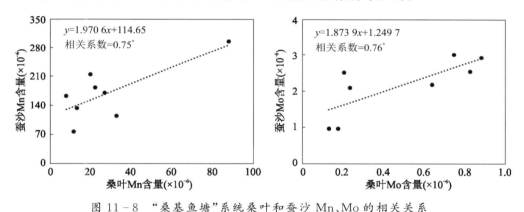

图 11-8 "桑基鱼塘"系统桑叶和蚕沙 Mn、Mo 的相关关系

2. 重金属在土壤-桑叶、桑葚-蚕沙中的迁移

植物对土壤中重金属的富集系数是用来评价植物对土壤中重金属富集能力水平的主要指标。由图 11-9 可知,桑叶和桑葚对土壤中不同重金属的迁移富集能力不同。桑叶对土壤中 Cu 和 Zn 的富集系数最大,依次分别是 Ni、Cd、Hg、Cr、Pb、As,即桑叶对土壤中 Cu 和 Zn 有较强的富集能力,对 Cr、Pb 和 As 的富集能力最弱。桑葚亦对土壤中 Cu 和 Zn 的富集系数最大,依次分别是 Ni、Cd、Hg、Pb、Cr、As,即桑葚对土壤中 Cu 和 Zn 有较强的富集能力,对 Pb、Cr 和 As 的富集能力最弱。桑叶和桑葚对 8 种重金属的富集系数由大到小基本表现一致,但桑叶对土壤重金属的吸收能力普遍比桑葚强。

桑叶和桑葚对土壤中 Cu 和 Zn 的富集能力较强,这与 Cu、Zn 是植物必需的矿质元素相关,植物对 Cu、Zn 的需求促使其即使在低浓度条件下也能高度富集,以满足机体生命活动的需要。而 Pb、As 等是植物体非必需微量元素,自身的生理排斥与保护机制可能是植物对其吸收能力较低的主要原因。

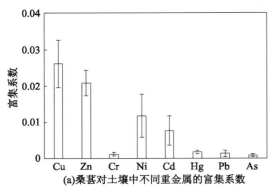

图 11-9 "桑基鱼塘"系统桑叶和桑葚对土壤中不同重金属的富集系数

进一步对桑叶、桑葚与土壤中这 8 种重金属含量的相关关系作分析。分析结果表明，桑叶 Cd 与土壤 Cd 呈显著正相关，相关系数为 0.88，桑叶其余重金属含量与土壤对应重金属之间相关性不显著；桑葚各重金属含量与土壤对应重金属之间相关性亦不显著。土壤中重金属通过生物迁移在植物体内累积是一个复杂的过程，同时受多种因素的影响，包括重金属在土壤中的总量和赋存形态、土壤环境状况、不同作物种类等。与桑葚相比，桑叶重金属含量与土壤重金属之间的关系更加密切。

由桑叶与桑葚之间重金属相关性分析可知，除了桑葚 Hg 和桑叶 Hg，其余重金属元素之间的相关性均呈正相关关系，其中桑葚 Ni 和桑叶 Ni 之间呈显著正相关，相关系数达 0.94；桑葚 Cd 与桑叶 Cd 之间呈显著正相关，相关系数达 0.95；其余重金属元素之间的相关性不明显。结果说明，桑叶和桑葚对 Hg 的吸收有竞争关系，而桑叶 Cu、Zn、Cr、Ni、Cd、Pb、As 对桑葚中对应的重金属元素有增效作用。

由桑叶与蚕沙之间重金属相关性分析可知，桑叶 Zn 与蚕沙 Zn 之间呈显著正相关，相关系数达 0.71；其余重金属元素之间的相关性不明显。结果表明，蚕沙中重金属含量除了受桑叶重金属元素影响外，主要还受蚕自身的状况及其所处的生长发育期等其他因素的影响。

3. 硒在土壤-桑叶、桑葚-蚕沙中的迁移

影响植物 Se 含量的主要因素是土壤有效 Se 含量和植物种类。一般情况下，土壤有效 Se 含量越高，植物 Se 含量也越高。在农作物中，十字花科植物油菜对 Se 的积聚能力最强，其次为豆科植物，谷类最低。对桑叶 Se 与土壤 Se、桑葚 Se 与土壤 Se 作相关性分析，结果表明两者之间的相关性并不显著。这可能与相关分析的 Se 为土壤全 Se 含量而不是土壤有效 Se 含量有关。桑叶 Se 与桑葚 Se、桑叶 Se 与蚕沙 Se 之间的相关性亦不明显。

二、元素在"桑基鱼塘"水生系统中的迁移过程

元素经过陆地生态系统的迁移进入蚕沙,蚕沙投入鱼塘喂鱼,部分蚕沙直接混入塘泥,混合着蚕沙和鱼粪的塘泥作为肥料施入基面土壤,元素经过水生系统又再次循环回陆生系统。同时,鱼塘水体也是一个完整的生态系统。塘里微生物分解塘里的鱼粪和各种有机物质为无机元素,混合在塘泥里,随着时间推移塘泥中的无机元素进入到水体中,水体同时也影响着塘泥,而生活在水中的鱼则又受塘泥和水中各种成分的影响,排出的鱼粪最后沉淀到塘泥中。

1. 重金属在底泥、塘水-塘鱼中的迁移

水生动物吸收重金属可以通过以下3种途径:一是经过呼吸系统吸收溶解在水中的重金属离子;二是通过取食水体或饵料中的重金属进入体内;三是通过体表与水体的渗透交换作用。因此,鱼类的内脏、鱼鳞、鳃、皮会优先累积重金属,而肌肉中各重金属含量会较低。由于通过食物链进入人体的主要重金属来源为鱼肉部分的重金属。因此,只针对鱼肉重金属进行分析。

通过表11-14分析比较,"桑基鱼塘"不同食性鱼类对重金属的吸收具有一定的选择性,鱼类重金属含量普遍具有 Zn>As>Cu>Cr>Pb>Hg>Cd 的分布特征。基于水生动物吸收重金属的途径,其体内重金属必然与水体中的重金属含量直接相关。"桑基鱼塘"水体中这几种重金属含量依次为 Cu>As>Zn>Cr>Pb>Hg>Cd,与鱼类重金属含量分布趋势较为一致。Cu 和 Zn 是鱼体内两种重要的微量元素,均为多种重要酶的成分或催化因素,但过量均会导致鱼类中毒,而且 Cu 的毒性远大于 Zn。虽然水体中 Cu 含量高于 Zn,但是鱼体中 Zn 含量却高于 Cu,这可能与 Cu 和 Zn 对鱼体的毒性程度有关,自身的生理排斥与保护机制可能是鱼类体内 Cu 含量低于 Zn 的主要原因。

表 11-14 "桑基鱼塘"不同食性鱼类重金属含量

食性	Cr(mg/kg)	Cu(mg/kg)	Zn(mg/kg)	Cd(mg/kg)
植食类	0.25	0.34	7.40	0.002 5
杂食类	0.37	0.46	11.76	0.002 0
肉食性	0.37	0.36	7.58	0.004 0
平均值	0.36	0.37	8.28	0.003 5

食性	Pb(mg/kg)	As(mg/kg)	Hg(mg/kg)
植食类	0.03	0.13	0.013 0
杂食类	0.09	0.12	0.016 3
肉食性	0.06	0.70	0.013 8
平均值	0.07	0.54	0.014 1

影响重金属在生物体内富集的因素有很多,包括重金属元素的性质、生物种类、生物发育的不同阶段以及食物链对重金属的浓缩等。根据鱼类食性不同,将其分为植食性、杂食性和肉食性3种。"桑基鱼塘"不同食性鱼类体内重金属含量差异较大。以肉食性和杂食性鱼类重金属含量较高,而植食性鱼类重金属含量较低,说明植食性鱼类较其他鱼类更不易富集重金属。其中,肉食性鱼类的As含量远大于杂食性和植食性鱼类,说明重金属含量在食物链中随营养级的升高而增加,表明了生物对重金属具有富集和放大作用。

由生物体内某种重金属含量除以水体中对应重金属含量得到生物体对该重金属的富集系数,计算结果如表11-15所示。"桑基鱼塘"各类鱼体内富集了不同程度的重金属,其中Zn的富集倍数最大,Pb和As的富集倍数较低。从生物浓缩角度来讲,浓缩系数小于1 000是没有多大意义的,只有超过1 000才被认为具有潜在的生物积累危害。"桑基鱼塘"鱼体内只有Zn的浓缩系数大于1 000,其余重金属皆小于1 000,一方面可能与Zn是水生动物生命必需元素相关,水生动物对Zn的需求促使其在低浓度条件下也能高度富集,以满足机体生命活动的需要;另一方面也说明,在低浓度条件下,水体重金属含量并不是影响生物体内其含量的主要原因,此时其他因素,如生物自身的生理特征、摄食途径等可能将起到主要作用。"桑基鱼塘"鱼体内Hg的浓缩系数也较高,这可能与鱼类自身对Hg较强的富集能力有关。不同的食性鱼类的重金属富集能力有明显区别,肉食性、杂食性鱼类的富集能力大于植食性鱼类的富集能力,说明食物链等级越高对重金属的富集能力也越强。

表11-15 不同食性鱼类重金属富集系数

食性	Cr	Cu	Zn	Cd	Pb	As	Hg
植食类	47	29	1 032	100	17	17	220
杂食类	70	39	1 640	80	52	16	277
肉食性	70	31	1 057	160	36	97	234

鱼体重金属元素一般来源包括通过食物链的累积和水环境的直接进入。生活在水域中下层的肉食性鱼类,如青鱼、黄颡鱼等,通过捕食小型鱼类和水生昆虫,不仅能富集水体中的重金属,而且对沉积物中的重金属也有相当程度的富集。因此,"桑基鱼塘"沉积物中含量较高的Zn(表11-16)也是导致肉食性鱼类Zn富集含量较高的主要原因。花鲢等杂食性鱼类以浮游生物及人工微颗粒配合饲料为主,体内重金属富集程度也较高;草鱼生活在水域的中上层,活动范围较大,但食物来源相对简单,故重金属的富集能力低于肉食性和杂食性鱼类。

鱼类生活在水域中,水域环境的重金属污染状况直接影响到鱼体重金属的含量,因此,对湖州"桑基鱼塘"鱼体、水体及底泥的重金属含量相关性进行分析。结果发现,鱼体、水体和底泥三者重金属含量相关性均不显著,但鱼体重金属含量与底泥之间的相关性普遍大于与水体的相关性,说明与水体相比,鱼体重金属含量受底泥的影响更为明显。湖州"桑基鱼塘"的鱼体重金属含量不仅受水体和底泥重金属含量的影响,还受人工饲料、饵料鱼以及投放药品等的影响。

表 11 - 16 "桑基鱼塘"底泥重金属含量　　　　　　　单位:mg/kg

	Cr	Cu	Zn	Cd	Pb	As	Hg
底泥	77.18	33.98	81.68	0.15	26.65	5.95	0.26

2. 硒在底泥、塘水-塘鱼中的迁移

桑基鱼塘中不同食性鱼体内 Se 含量差异较大(表 11 - 17)。以生活于中下层的肉食性、杂食性鱼类 Se 含量较高,而生活于中上层的植食性鱼类 Se 含量最低,说明植食性鱼类较其他鱼类更不易富集 Se。鱼类对 Se 的富集能力受鱼类的体重、食性、栖息环境、生长周期长短等影响,但总体来说,鱼类 Se 含量均表现为肉食性大于植食性,说明 Se 含量在食物链中随营养级的升高而增加,表明了生物对 Se 具有富集作用。

表 11 - 17 "桑基鱼塘"不同食性鱼类 Se 含量

食性	品种	Se(mg/kg)
肉食性	黑鱼、黄颡鱼、鲈鱼、青鱼	0.20±0.06
杂食类	白条鱼、花鲢、鲫鱼	0.20±0.10
植食类	草鱼	0.15±0.01

与陕西省安康市富 Se 地区鱼肉中 Se 含量(0.05～0.27mg/kg)相比,湖州"桑基鱼塘"内鱼肉 Se 含量(0.11～0.31mg/kg)略高。

"桑基鱼塘"不同食性鱼体对水体 Se 的浓缩系数也不同,其中肉食性鱼类对 Se 富集倍数最大,达 255;其次为杂食性为 247,植食性浓缩系数较低,为 189。不同的食性鱼类的 Se 富集能力有明显区别,肉食性、杂食性鱼类的富集能力大于植食性鱼类的富集能力,说明食物链等级越高对 Se 的富集能力也越强。

对湖州"桑基鱼塘"鱼体、水体及底泥的 Se 含量相关性进行分析。结果发现,鱼体、水体和底泥三者重金属含量相关性均不显著,说明湖州"桑基鱼塘"鱼体的 Se 含量除了受水体和底泥 Se 含量的影响,还受其他因素的影响。

三、元素在"桑基鱼塘"陆生-水生系统中的迁移过程

蚕沙是"桑基鱼塘"系统的重要环节。从生产实践中发现蚕沙对塘鱼生长有利,就把大量蚕沙投入到鱼塘中,因而蚕沙是陆生(基)和水生系统(塘)的媒介,是"桑基鱼塘"系统的中间环节。塘泥是"桑基鱼塘"系统的纽带,是基面作物的肥料来源。基面需要塘泥补充作物消耗的肥力,而鱼塘本身又需要挖去塘泥,否则塘泥堆积过多,塘水淤浅,易缺氧,同时在有机物质向无机物质转化过程中放出的甲烷,对塘鱼不利。蚕沙把基和塘联系起来,塘泥则把塘和基联系起来。蚕沙和塘泥两者都是水陆相互作用的媒介。

1. 重金属、Se 在蚕沙-鱼中的迁移

塘鱼通过取食投入到鱼塘的蚕沙而使蚕沙中的元素进入鱼体,因此蚕沙的重金属含量与鱼重金属含量密切相关。鱼类重金属含量普遍具有 Zn>As>Cu>Cr>Pb>Hg>Cd 的分布特征,而蚕沙重金属含量依次为 Zn>Cu>Pb>Cr>As>Cd>Hg(表 11-18),与鱼类重金属含量分布趋势稍有不同,这与近年来为提高鱼塘经济效益投入大量的鱼饵料有关,蚕沙不再是"桑基鱼塘"养殖鱼的唯一食物。

表 11-18 桑基鱼塘系统蚕沙重金属含量分析 单位:mg/kg

重金属	Cr	Cu	Zn	Cd
蚕沙($N=9$)	3.27±1.43	13.63±2.73	40.51±9.76	0.09±0.05
重金属	Pb	As	Hg	Se
蚕沙($N=9$)	6.61±3.69	0.71±0.40	0.08±0.02	0.19±0.04

注:N 为样本数。

桑基鱼塘各种食性鱼类对蚕沙重金属的富集程度不同,依次分别是 As>Zn>Hg>Cr>Cd>Cu>Pb(图 11-10)。不同的食性鱼类对蚕沙重金属富集能力有明显区别,肉食性、杂食性鱼类的富集能力大于植食性鱼类的富集能力,尤其是肉食性鱼体对蚕沙 As 的富集系数显著高于植食性鱼体,说明食物链等级越高对重金属的富集能力也越强。

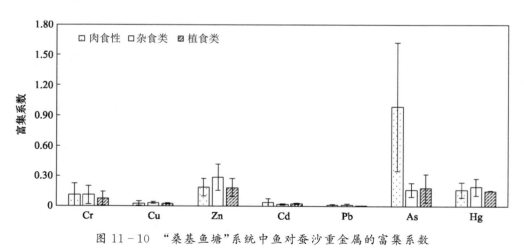

图 11-10 "桑基鱼塘"系统中鱼对蚕沙重金属的富集系数

"桑基鱼塘"不同食性鱼体对蚕沙 Se 的富集能力也不同,其中肉食性鱼类对 Se 富集倍数最大,达 1.08;其次为杂食性为 1.04,植食性富集系数较低,为 0.80。肉食性、杂食性

鱼类对蚕沙 Se 的富集能力大于植食性鱼类。

对湖州"桑基鱼塘"鱼肉重金属和蚕沙重金属、鱼肉 Se 和蚕沙 Se 含量相关性进行分析。结果发现,鱼肉和蚕沙的重金属含量相关性均不显著,鱼肉和蚕沙的 Se 含量相关性也不显著,说明湖州"桑基鱼塘"鱼体的元素含量不仅受水体、底泥及蚕沙的影响,还受人工饲料、鱼饵料以及投放药品的影响。

2. 矿质元素、重金属、硒在塘泥-基面土壤中的迁移

塘泥作为基面肥料每年定时上基,是塘与基物质能量转换的纽带。对湖州"桑基鱼塘"塘泥和基面土壤的矿质元素、重金属进行相关性分析,结果如表 11-19 所示。"桑基鱼塘"塘泥 Mg 和基面土壤 Mg 之间呈极显著正相关,相关系数达 0.99;塘泥 K 和基面土壤 K、塘泥 Fe 和基面土壤 Fe 之间呈显著正相关,相关系数分别达 0.95 和 0.96;其余矿质元素之间的相关性呈正相关,但不显著。结果表明,基面土壤的 K、Mg、Fe 3 种元素主要受塘泥上基的影响,而其他矿质元素的来源较为复杂,受其他因素如肥料、大气沉降等的影响较大。

表 11-19 "桑基鱼塘"塘泥和基面土壤的矿质元素、重金属相关性分析

矿质元素	P	K	Ca	Mg	Fe	Mn	B	Mo
相关性	0.57	0.95*	0.62	0.99**	0.96*	0.72	0.71	0.48
重金属	Cr	Ni	Cu	Zn	Cd	Pb	As	Hg
相关性	0.56	0.76	0.63	0.59	0.92	0.90	0.38	0.01

通过"桑基鱼塘"塘泥和基面土壤的重金属相关性分析结果可知,"桑基鱼塘"塘泥和基面土壤的重金属相关性均不显著。但从相关性来看,与其他重金属相比较,"桑基鱼塘"塘泥 Cd 和基面土壤 Cd、"桑基鱼塘"塘泥 Pb 和基面土壤 Pb 关系较为密切,相关性均大于 0.90;"桑基鱼塘"塘泥 Hg 和基面土壤 Hg 之间的相关性最弱,说明塘泥 Hg 对基面土壤 Hg 的贡献很小,基面土壤 Hg 受其他因素如肥料、大气沉降等的影响较大。

对湖州"桑基鱼塘"塘泥 Se 含量和基面土壤 Se 含量相关性进行分析。结果发现,"桑基鱼塘"塘泥 Se 和基面土壤 Se 相关性不显著,说明湖州"桑基鱼塘"基面土壤的 Se 含量不仅受塘泥 Se 含量的影响,还受其他因素的影响。

四、"桑基鱼塘"系统元素地球化学迁移模型建立

1. "桑基鱼塘"元素迁移模式

通过对湖州"桑基鱼塘"演变过程及其土壤、农产品、水体、塘鱼的特征分析,结合元素在"桑基鱼塘"水陆相互循环的研究,认为"桑基鱼塘"系统中元素的迁移过程可大致分为水陆大循环、陆生系统小循环和水生系统小循环三大部分(图 11-11)。

"桑基鱼塘"系统元素水陆大循环从桑树自土壤中吸收土壤元素开始,桑叶和桑葚对土壤中的元素进行生物富集,通过桑叶喂蚕将元素迁移至蚕沙,蚕沙投入鱼塘作为鱼饲料,鱼排泄鱼粪至塘泥中,同时塘里微生物分解鱼粪、藻类和各种有机物质为无机物,混合在塘泥里,塘泥以每年固定频率挖出,作为桑基土壤的肥料。至此,构成一个完整的生态循环系统。

陆生系统物质小循环开始于桑树从土壤中吸收元素,输送到桑叶和桑葚,部分桑叶和桑葚凋落进入土壤,经过微生物分解变为无机物,释放至土壤中,又被桑树吸收利用,开始新的物质循环,这是陆生系统内部的物质小循环。桑树从土壤中吸收元素的速率受土壤氧化还原电位、有机质等理化性质的影响。

水生系统也有一个完善的物质循环过程。塘里微生物分解塘里的鱼粪和各种有机物质为无机物,混合在塘泥里,在合适的条件下塘泥中的无机物分解吸附至水体中,水体同时也将物质沉淀至塘泥里,而生活在水中的鱼则又通过呼吸作用和体表与水体的渗透交换作用吸收水体中的元素,鱼排出鱼粪沉淀到塘泥中。随着塘泥释放营养物至水体中,将进入下一个水生系统小循环。

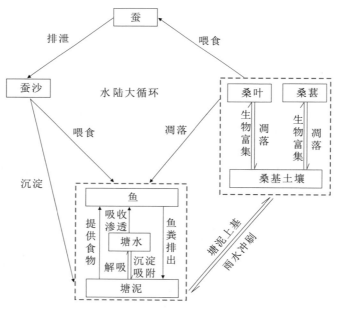

图11-11 "桑基鱼塘"系统元素地球化学迁移模式图
注:红色方框内为陆生系统小循环,绿色方框内为水生系统小循环

在上述循环中,不仅种桑和养鱼构成一个大系统,次一级也自成系统。各系统中还有有机质向无机质、无机质向有机质相互转化的过程。生物与环境之间,环境与生物之间,各自形成一个完整的生态系统,从而构成了一个层次分明的、水陆资源相互作用的、完整的人工生态系统。各系统之间衔接紧密,起着相互推动的作用,其中一个部门的增产就会

直接促进其他部门的增产,反之亦然。

2."桑基鱼塘"的结构与功能

"桑基鱼塘"系统是由陆地基面子系统和鱼塘子系统构成,这两个子系统又各自构成一个生态系统。陆地基面子系统是生产者(桑树),鱼塘子系统既是生产者(藻类),又是消费者(鱼)。在陆地基面子系统和鱼塘子系统之间,还有一个中间介质——蚕沙,它既是水陆两个子系统的桥梁,又是水陆两个子系统物质循环和能量交换的通路。通过蚕沙,把陆地基面子系统和鱼塘子系统紧密联系起来。"桑基鱼塘"系统结构复杂,但层次分明,各层次作用清楚,均具有经济意义。

"桑基鱼塘"各系统间相互协调、相互促进。在生态系统的物质、能量流动中,各部门发展是否协调,直接影响产量高低。"桑基鱼塘"系统物质的输入和输出基本平衡。基塘系统在运行过程中,基面种植的作物消耗了地力,获得塘泥补充,因而能恢复地力;塘鱼吃了塘里饲料,而蚕沙和土壤冲刷后流到塘里的有机质和营养元素,又补充了失去的饲料,因此基面作物和塘鱼生长都好,农业部门和水产部门发展是协调的。另外,基面作物和塘里鱼类发展也是相互促进的,如"桑基鱼塘",桑多、蚕多、蚕沙多,塘鱼相应也多,反之亦然。塘鱼发展对蚕桑也有促进作用,鱼多、鱼粪多、塘泥肥、塘基土壤好、桑繁茂。

"桑基鱼塘"系统中基塘比例相互制约、相互影响。基塘系统是一个不可分割的整体,只有基而无塘,或只有塘而无基都不行。基和塘在统一体中各占一定比例。基塘比不仅影响基面作物和塘鱼的总产量,还直接影响到基面肥力和塘鱼饲料。塘的比例大于基,塘泥充裕,但塘鱼饲料不足;基的比例大于塘,则鱼的饲料有余而基面塘泥不够。现在湖州大部分"桑基鱼塘"系统都存在基塘比失调,出现了基占20%、塘占80%的现状。这种情况下基塘系统的物质循环和能量转换不平衡,会失去系统原有的科学性。据钟功甫(1982)在珠江三角洲基塘地区的研究表明,塘占比例略大于基比较合适。

通过对上述"桑基鱼塘"系统中元素的迁移模式及"桑基鱼塘"结构和功能的分析,可以发现,影响元素在系统中迁移的基本因素包括土壤理化性质(氧化还原电位、有机质等)、基塘比例、塘泥上基频率等。充分认识上述因素的作用后,可以通过改良土壤环境、改变"桑基鱼塘"管理措施,或出资补偿引导农户改变"以经济利益为主导"的经营理念等方式,最终达到"桑基鱼塘"系统元素的高效循环和可持续发展。

第十二章 结 语

第一节 主要成果与创新点

一、主要成果

（一）完成浙江省 1∶25 万多目标区域地球化学调查，基本摸清浙江省土地质量"家底"，为耕地数量、质量、生态"三位一体"管理维护提供科学依据。

（1）获得了浙江省约 6.9 万 km^2 全域性、多介质、高精度的土地质量地球化学调查数据，编制了系列生态地球化学图件，为土地管理、现代农业发展及土壤污染防治等提供基础资料。

截至 2018 年底，完成浙江省 1∶25 万多目标区域地球化学调查 6.9 万 km^2，约占全省土地面积的 65.4%，覆盖了全省约 2 730 万亩的耕地，约占耕地总面积的 87.4%。通过对土、水、生物等样品进行高精度测试，获取 300 多万个多介质地球化学数据，编制 Cd、Hg 等元素地球化学图及 Se 资源分布图，基本查明了全省土地质量与生态地质环境状况、土壤污染和 Se、I 等有益元素分布情况，推进了土地质量调查评价、建档、监测、应用研究、成果转化等工作，成果资料有效服务于土地资源规划管理与质量提升、现代精品农业发展、土壤污染防治等方面。

（2）基本摸清全省耕地质量与生态状况，圈出清洁耕地 2 368 万亩，为有效保护和合理开发利用土地资源提供科学依据。

调查表明，浙江省耕地环境质量总体优良，其中清洁耕地面积 2 386 万亩，约占调查区耕地总面积的 87.4%；中度以上重金属超标区 26 万亩，约占调查区耕地总面积 0.95%。影响耕地环境质量的指标主要有 Cd、Hg、Ni、Cu，区域性大面积的重金属超标主要受区域地质高背景的控制，局部小范围的重金属超标与人类活动有关，为耕地重金属污染防治提供了基础依据。

（3）圈出富硒耕地 1 018 万亩，为发展特色农产品、提升农业生产经济效益、实施乡村振兴战略提供重要产业基地。

调查发现，浙江省富硒耕地 1 018 万亩，其中清洁且富硒率高的一等富硒耕地 968 万亩。富硒耕地广泛分布于杭州、湖州、嘉兴、金阜、衢州、金华等地的山地丘陵区，富硒耕地的形成主要与富硒成土母质以及基岩风化成土过程硒的次生富集作用有关,为富硒稻米、莲子、各类水果等富硒农产品发展提供了种植基地,为浙江省产业结构调整提供了科学依据。近年来,通过金华市、龙游县、嘉兴市秀洲区油车港镇、嘉善县干窑镇、海盐县澉浦镇等地1:1万专题调查研究,进一步精准圈定了富硒土地分布,科学评价了富硒土地可利用性。

(4)从流域尺度开展了浙江省土地质量地球化学研究,对比研究了钱塘江等八大流域土壤环境质量特点。

研究发现,钱塘江、甬江、苕溪流域土壤环境质量相对较差,Cd、As、Cu、Pb、Zn、Ni等元素受地质背景因素影响呈现高含量,主要呈带状分布于低山丘陵区,Hg、Cd、Cu、Ni等元素受人类活动因素影响,在城镇周边区域出现不同程度污染区。

(二)通过对浙江省主要耕地区土壤重金属地球化学元素分布特征及大宗总产品安全性评价,开展了重要重金属超标区生态风险研究及保障农产品质量安全的土壤重金属限量值研究,提出了绿色土地评价的思路和方法,为耕地质量类别划定、分类管控以及农产品产地源头管控提供了科学依据。

(1)首次系统获得浙江省稻米、蔬菜中重金属含量背景数据,研究了稻米和蔬菜中重金属的超标风险,为保障农产品安全提供了依据。

选择不同地质背景区、不同土壤类型区,在浙江省全省范围采集稻米样品2721件,蔬菜样品1036件,获取了稻米、蔬菜中Cd等8种重金属的含量状况。研究发现,浙中盆地区稻米Cd、Hg、Pb、Ni、Cu、Zn背景含量高于浙北平原和浙东沿海,浙北平原区和浙东沿海平原区稻米Cr背景值高于浙中盆地区,三大产粮区稻米As背景值差异不大。不同种类的蔬菜中重金属含量差异明显,在茎菜类蔬菜中含量普遍高于根菜类、叶菜类、花菜类、果菜类等其他类别;受区域土壤Cd高背景含量控制,浙西区蔬菜中Cd含量较高;比较不同种类蔬菜重金属超标发现,茎菜类蔬菜重金属含量最高;蔬菜样品重金属含量低于稻米。同时,本研究还参照相关研究成果,开展了农产品人体摄入风险评估,为浙江省农产品质量控制提供了大量基础研究资料。

(2)探讨了浙江省耕地生态风险评价方法,首次研制了保障农产品质量安全的土壤重金属限量值。

以稻米及根系土1273组、蔬菜及根系土857组大田实测数据为基础,通过开展重金属在土壤—水稻、蔬菜中迁移富集规律及影响农产品重金属累积的土壤环境因素研究,多角度建立了水稻、蔬菜重金属吸收模型,探讨了浙江省耕地生态风险评价方法,提出分类管控建议,并通过实际调查数据验证,确立了水田和菜地的土壤重金属限量值方程。以此为基础,区分水田、菜地,按pH值($pH \leqslant 5.5$,$5.5 < pH \leqslant 6.5$,$6.5 < pH \leqslant 7.5$,$pH > 7.5$)差异,分别建立了浙江省土壤Cd、Hg、Pb、As、Ni、Cu、Zn等重金属的环境质量建议值。对土壤Cd的环境质量建议值,由于重金属高背景区和人为污染区土壤重金属形态差异明显,高背景区土壤Cd活性较低,生态效应不明显,故而将Cd环境质量建议值分为非高背景区和高背景区两类。与《土壤环境质量 农用地土壤污染风险管理标准(试行)》(GB

15618—2018)标准相比,非高背景区水田土壤 Cd 标准建议值较筛选值偏严,而菜地 Cd 标准建议值较宽,这与浙江省稻米 Cd 超标风险较高,而蔬菜超标风险较低的评价结果相符。

(3)首次提出绿色土地的概念,建立了评价方法和评价标准,并以天台县为例,开展绿色土地评价,提出绿色土地保护建议。

通过多年的工作实践,本研究从土地质量的安全性、优质性以及土地利用的可持续性角度出发,基于土地质量生态管护及食品安全源头管控的需要,首次提出了绿色土地的概念,从土地环境质量安全指标和土地地力指标两个层面建立了绿色土地评价指标体系。土地环境质量界定在土壤重金属污染、土壤有机物污染、灌溉水和大气干湿沉降质量、农业投入品和周边环境等方面;土地地力则指在当前耕作管理水平下,由土壤本身特性、自然条件和基础设施水平等要素综合构成的土地生产能力,含土壤肥力和农用地质量两类衡量指标。依据本研究提出的绿色土地评价标准与评价方法,在天台县划定绿色土地 4 192hm^2,约占天台县耕地面积的 15.12%。Ⅰ 等绿色土地面积 219hm^2,Ⅱ 等绿色土地面积 3 973hm^2。据此,建立了天台县绿色土地质量档案,提出绿色土地保护建议。

(三)选择典型重金属高背景区、矿业活动影响区及其他人为污染区,通过室内试验和野外田间试验,开展了利用矿物材料进行污染土壤修复和改良的试点研究,建立了示范工程,取得了明显成效,为浙江省污染耕地的安全利用和土壤污染修复提供了技术支持。

(1)通过室内实验,研究了环境矿物材料对重金属的吸附性能以及对土壤中重金属存在形态及有效性的影响,揭示了环境矿物材料钝化修复重金属污染土壤的作用机理,筛选出重金属污染土壤的高效钝化修复材料。

研究发现,膨润土、沸石等矿物材料对 Cd^{2+} 具有良好的吸附性能,但共存的 Pb^{2+} 和 Zn^{2+} 会抑制膨润土和沸石对 Cd^{2+} 的吸附,有机肥溶出有机质对膨润土和沸石吸附 Cd^{2+} 也有显著的抑制作用。沸石、磷灰石及沸石/磷灰石混合材料等修复材料可显著降低土壤中 Cd 等重金属的有效态含量及其生物有效性,降低程度随添加量的增大而增大,但降低程度与矿物材料对重金属的吸附性能间无明显的相关性。

(2)阐明不同矿物材料对不同类型污染土壤的修复效果,建立了土壤污染修复示范工程。

通过对不同试验区的实验结果对比发现,湖州的试验田土壤中性偏碱性,添加单一的膨润土就能够有效地降低土壤中 Cd 的有效态含量,减少农作物对 Cd 的吸收,且具有环境友好的特征;龙游黄铁矿区的试验田土壤酸性较强,单一的吸附材料如膨润土和沸石对稻米中 Cd 的含量降低作用甚微,而偏碱性的磷灰石对稻米中 Cd 含量的降低作用显著。同时发现,添加膨润土、沸石与磷灰石组成的混合材料,对 Cd 含量的降低程度大于单一材料的理论加和,因而将高吸附性能的矿物材料与磷灰石复配是钝化修复龙游黄铁矿区酸性污染土壤的最佳修复材料。另外,本研究也对矿物材料修复土壤的成本和效益进行了核算。环境矿物材料的添加量为 1~4t/亩,膨润土市场价约 400 元/t,沸石约 580 元/t,磷灰石 780 元/t,据此,酸性土壤的修复成本为 680~2 720 元/亩,碱性土壤的修复成本为 400～1 600 元/亩。

(四)系统开展了浙江省土壤硒的生态地球化学研究,明确了土壤硒资源的空间分布与成因来源,研究了土壤硒的迁移转化特征及其生物有效性,阐释了天然硒和人工硒在水稻中的贮存状态差异,提出了富硒土壤资源评价标准,进行了浙江省富硒土地资源区划和试验性开发,取得了显著的经济社会效益。

(1)查明浙江省土壤硒资源的空间分布与成因来源,阐释了不同成因来源土壤硒的迁移转化特征及其生物有效性。

浙江省表层土壤硒平均含量为 0.32mg/kg,呈地带性分布,高硒含量土壤分布与高硒岩石地层分布特征相一致。在土壤垂向上,硒含量多呈表聚型,溶解态硒易向深层土壤迁移,而有机态等较稳定形态硒主要受控于有机质,不易向深层土壤迁移。硒在水稻中的含量区间为 0.015～0.515mg/kg,平均值为 0.047mg/kg,富硒区水稻硒含量普遍高于非富硒区。本次工作,通过研究成土母岩、母质与土壤硒、农作物硒含量间的相关关系,总结了硒在岩石-土壤-作物之间的分布与分配规律,从而提出了浙江省富硒土壤的六大成因类型,分别是变质岩型、湖沼相型、火山岩型、燃煤型、第四系沉积型和黑色岩系型。

(2)阐释了天然硒和人工硒在水稻中的贮存状态差异。

本书开展了天然富硒土壤与无机态人工硒肥灌根、叶片喷施处理条件下产生的富硒水稻硒赋存状态的对比研究。结果表明,稻米中可溶态硒绝大部分以有机硒形式存在,天然富硒稻米中有机硒含量比例最高,达到 57.8%,其硒品质最好,根施无机硒效果次之,有机硒含量比例为 49.7%,花穗喷施硒肥后硒在水稻中的代谢转运比例较低,稻米中有机硒比例较低为 30.4%。以此为基础,阐释了天然硒和人工硒在水稻中的吸收、转化、合成、积累的差异,分析了天然硒和人工硒对稻谷品质的各自影响,提升了对天然硒在作物营养物质积累中功能的认识。

(3)提出了富硒土壤评价标准,划定了浙江省富硒土地资源分区。

通过土壤硒与水稻硒相关性研究,在综合考虑土壤硒含量、土壤理化性质及重金属含量等条件基础上,科学界定了浙江省土壤硒含量的评价标准。依据评价标准,结合土壤污染评价、地貌类型及土地利用现状特点等,将浙江省富硒土地资源划分为优先开发区、一般开发区、潜力开发区、不宜开发区 4 种类型。

(4)进行了富硒土壤开发,取得了显著的经济社会效益。

金华市婺城区、龙游县、安吉县、嘉善县等地,利用富硒土壤调查研究成果,进行了富硒土壤开发利用。富硒开发一般由当地自然资源局、农业农村局指导,采取"公司+种植基地(种植大户)"的合作模式进行,本项目组全程技术指导,开展富硒地块选择、富硒作物品种筛选、土壤改良等工作。目前已建成一批富硒土壤开发示范基地。金华市婺城区蒋堂镇富硒土壤资源开发利用示范基地始建于 2012 年,历经土壤详查、种植试验、开发试验、扩大试点、规模开发 5 个发展阶段,开发的富硒大米、富硒番薯、富硒花生、富硒米醋、富硒酒等系列富硒产品已成功推向市场,经济效益明显。目前基地已初步建成一个涉及农业合作社 10 余家、覆盖富硒耕地 2 万余亩,集富硒土壤科研、产品研发、技术推广为一体的综合示范基地。

(5)针对浙西高镉富硒土壤,开展了镉与硒元素的交互关系研究,从土壤、农产品和人体健康效应多角度分析了土壤高镉富硒的生态影响。

研究发现,浙江省典型高镉富硒区表层土壤中硒-镉呈同步变化特征较明显,两者之间具有显著较强($P<0.05$)的线性相关性,但是对于受人类活性影响较大的富硒土壤区,因外源物质的输入,硒-镉含量未发现规律性变化。进一步研究发现,虽然土壤硒镉伴生区镉环境介质中镉等重金属元素含量较高,但由于硒和锌等对镉和镍等毒性元素的拮抗作用,缓解了典型硒、镉高背景区重金属元素的毒性,镉含量超标并未给研究区人群带来群体性的健康风险。另外,对硒介导植物镉胁迫的机理进行了探讨和研究。

(五)系统开展了浙江省土壤碘的生态地球化学研究,分析了土壤碘、作物碘和人体膳食摄入碘的分布特征,研究了不同外源碘水平对作物吸收、富集和品质的影响,提出生态补碘区划的概念,开展了生态补碘区划,为开拓更为高效、安全、稳定的补碘方法从而实现科学补碘奠定了一定的现实和理论基础。

(1)明确了土壤、作物以及人体膳食摄入碘的分布,研究了影响土壤、农作物碘含量的主要因素。

研究显示,全省碘缺乏(≤1.0mg/kg)、碘边缘(1.0～1.5mg/kg)、碘适量(1.5～5.0mg/kg)和碘高量(≥5.0mg/kg)土壤点位率分别为 7.32％、15.12％、52.96％ 和 24.60％,碘缺乏和碘边缘土壤占比较高。从区域分布来看,浙东沿海土壤碘含量显著高于内陆地区。农作物中碘含量数据也表现出同样的规律,对比发现,姚江河谷平原所产蔬菜作物的食用部分碘含量总体上高于丽水碧湖盆地所产蔬菜作物食用部分的碘含量,前者的平均值为 0.78mg/kg,为后者的 1.40 倍。浙江省各地居民实际膳食碘摄入量(不包括加碘食盐)差异明显,最高的是宁波市、台州市和温州市,最低的为金华市、衢州市和丽水市。进一步研究表明,成土母岩是土壤碘含量的主要影响因素,进而决定了农作物碘含量的区域性差别;土壤有机质、pH 值、铁铝氧化物和黏粒含量等土壤理化条件,决定着土壤固持碘的能力,是影响土壤和作物碘含量与分布的重要因素;海洋和大气条件对沿海地区土壤碘含量的影响也不容忽视。

(2)首次提出了生态补碘区划的概念,开展了浙江省不同生态分区的补碘区划。

综合利用土壤碘含量和膳食摄入碘水平,开展了碘的生态地球化学分区,将浙江省划分为高碘生态区、中碘生态区、低碘生态区,高碘生态区占调查区面积的 7.62％,主要分布于浙东沿海地区,尤其是宁波市宁海县;中碘生态区分布面积最大,占调查区面积的 40.35％,主要分布于浙北、浙东地区;低碘生态区占调查区面积的 52.03％,主要分布于金衢盆地及浙北地区。针对不同生态碘等级区,合理推荐富碘作物种类,科学确定海藻碘有机矿肥的施用量,计算出了满足当地居民碘营养需求的补碘模式,对指导居民改善碘营养状况提供了科学依据和具体实施方法,提高了浙江省生态补碘区划的针对性和可操作性。

（六）首次从地球化学角度来研究"桑基鱼塘"演变过程及在不同演变过程中土壤、农产品、水产品的响应，建立了湖州"桑基鱼塘"系统元素地球化学迁移模型，对深化"桑基鱼塘"生态系统的认识具有重要的理论意义，并助推了"浙江湖州'桑基鱼塘'系统"申遗。

（1）通过元素在"桑基鱼塘"陆生系统、水生系统和陆生-水生中间环节的迁移分析，建立了湖州"桑基鱼塘"系统元素地球化学迁移模型。

研究发现，"桑基鱼塘"系统是一个层次分明的、水陆资源相互作用的、完整的人工生态系统，结构比较复杂、完善且稳定，各系统间相互协调、相互促进，系统中元素的迁移过程可分为水陆大循环、陆生系统小循环和水生系统小循环三大部分。由潜育型水稻田（洼地）改造成"桑基鱼塘"，不仅改变了系统中土壤的性质及农产品品质，还改善了地球化学元素的循环效率。

（2）本书深化了"桑基鱼塘"生态系统的认识，拓宽农业地质工作领域，也对"桑基鱼塘"系统申遗起到了重要作用。

"桑基鱼塘"系统的建立，改变了潜育型水稻田由于地下水位高、长期处于排水不良的缺氧状况，致使土壤氧化还原电位发生了变化，进而影响系统中地球化学元素的释放与吸收。这一发现，突破了以往"桑基鱼塘"定性研究的思路，对深化"桑基鱼塘"生态系统的认识具有重要的理论意义。另外，本书对"桑基鱼塘"开展了元素在"土壤—桑叶—蚕沙—塘鱼—底泥"系统中迁移的综合研究，不仅有利于完整地研究"桑基鱼塘"系统元素的迁移，还拓展了农业地质研究工作的内容，对学科的发展具有积极意义。本书还揭示了"桑基鱼塘"地球化学循环的高效性，为优化"桑基鱼塘"管理和当地申报全球重要农业文化遗产提供了科学依据。2017年11月23日，"浙江湖州'桑基鱼塘'系统"通过联合国粮食及农业组织（FAO）评审，正式被认定为"全球重要农业文化遗产"。

二、主要创新点

（1）通过人工硒与天然硒在稻米中赋存状态的研究，发现天然富硒土壤中稻米硒的贮存状态为有机硒，并以氨基酸态有机硒为主，而通过根部施肥和叶面喷施形成的富硒稻米中有机硒含量较天然富硒稻米明显低，进而明确了人工硒与天然硒对稻米品质的影响。

（2）通过土壤硒有效性研究，综合考虑土壤硒含量、土壤理化性质及稻米富硒率等，提出了浙江省土壤硒含量的评价标准。

（3）以稻米及根系土1 273组、蔬菜及根系土857组大田实测数据为基础，通过开展重金属在土壤—水稻、蔬菜中迁移富集规律及影响农产品重金属累积的土壤环境因素研究，建立重金属在稻米（蔬菜）中的迁移模型，首次研制了保障农产品质量安全的土壤重金属限量值；探讨了耕地生态风险评价方法，开展浙江省土壤污染生态风险评价，针对不同风险类型，提出分类管控建议。

（4）首次提出绿色土地的概念，建立了绿色土地评价方法和评价标准，并以天台县为例,开展绿色土地评价及建档,为天台县绿色土地保护与开发提供了科学依据。

(5)首次提出了生态补碘区划的概念,综合利用土壤碘含量和膳食摄入碘水平开展了碘的生态地球化学分区,将浙江省划分为高碘生态区、中碘生态区、低碘生态区,明确了不同生态地球化学分区的补碘方式。

(6)首次从地球化学角度研究了"桑基鱼塘"演变过程及在不同演变过程中土壤、农产品、水产品的响应,通过元素在"桑基鱼塘"陆生系统、水生系统和陆生-水生中间环节的迁移分析,建立了湖州"桑基鱼塘"系统元素地球化学迁移模型。

第二节　体会与展望

2013年8月28日,中国地质调查局农业地质应用研究中心(以下简称中心)落户浙江,充分展现了浙江省在农业地质调查与应用研究方面的优势,标志着浙江省的农业地质工作进入了新的阶段。该中心的成立,意在打造中国农业地质应用研究领域最高学术水平的合作与交流平台。"浙江省西北部土地环境地质调查及应用研究"是中心成立后的第一个大型农业地质科研项目。项目针对当今社会的热点问题和老百姓普遍关心问题设置研究课题,如富硒土地的有效开发问题、重金属污染与农产品质量安全问题等,体现了浙江省农业地质工作的应用特色。历经多年,项目取得了多方面、多层次的具有重要科学价值的调查研究成果。回顾过去的几年工作,我们偶有成功的喜悦,亦有挫败的焦虑,但更多的是对农业地质应用研究持续深入的美好憧憬与殷切希望,更多的依然是对农业地质事业那股挥之不去的浓浓深情!与之相伴的,还有对关心支持项目工作的领导、专家与同仁的不胜感激!如今,浙江省的农业地质工作进入了一个前所未有的高度,全省正如火如荼地开展土地质量地质调查,自然资源部平原区农用地生态评价与生态修复工程技术创新中心已在浙江省成立,这对我们又有什么样的机遇和挑战呢?

一、几点体会

1. 坚实"调查"的基础地位,做实"大数据"

没有调查就没有发言权。农业地质是一门实践性、应用性极强的学科,着眼大局的"调查"是保持其生命力的根本,获取全方位的"大数据"是深化应用研究的基础,没有深入的、全面的基础调查作支撑,农业地质应用研究工作就不可能走向深入。坦率地讲,开展区域性的调查工作是我们地质人的长处,但也许由于中心落户浙江省之后普遍存在的提升"研究"水平的愿望过于急迫,也许由于具体负责研究课题的年轻同志尚缺乏"区域"的思想,我们的项目工作曾一度陷入窘境。一方面表现为具体的"点"上研究,由于设置的科学问题、采用的技术方法等与"面"上调查结合不足,对以往的大量调查研究资料分析利用不够,加之研究人员、设备等基础条件较薄弱,造成在理论或机制研究方面成效不突出;另一方面,在具体的分析问题、解决问题时,不善于运用"调查"的思路,不善于运用"区域"的概念,不善于运用"大数据",造成研究的方式方法等趋同化,彰显不出地学的优势和特色。我们及时发现了这一问题倾向,在后续工作中,不断强化"大局意识""大数据概念""点面结合方略"以及"调查与研究方法"等,不断夯实"调查"的基础,应当说,项目的成效还是比较明显的。

2. 坚持需求导向,解决实际问题

我们项目的定位是应用研究,开展以成果转化应用为目的的调查研究工作,其根本目的是为自然资源管理、现代农业发展、生态环境保护等多领域支持,为各级政府和有关部门提供决策依据,为涉农企业和农民百姓提供技术服务。要做好支撑服务,就必须了解需求,有需求课题设置和研究成果才具有针对性,我们需求调研的工作从项目的可行性论证阶段开始,贯穿项目始终。如立项阶段,在多方调研的基础上,充分吸收自然资源、农业农村、生态环境等有关部门及有关专家学者的建议和意见,将社会普遍关心关注的热点问题融入农业地质应用研究,归结为富硒土地资源问题、土壤重金属污染及修复问题以及碘的生态地球化学研究三大方面的研究项目。在项目具体实施过程中,根据实际需求,细化科学问题,细分研究课题。如根据嘉兴等地富硒土壤开发利用的实际需要,天然和人工富硒条件下稻米中硒的赋存状态研究课题,有效地区分了稻米中天然硒和人工硒的赋存差异,取得了理论研究和实际应用的重大突破。再如,根据实际需求,为了加速成果转化,在金华蒋堂等示范基地,开展了系列化的专题研究和试验工作,这些工作成果,或已发表高质量论文,或已形成专利,或在课题报告和项目成果报告上得到了充分验证。

3. 注重合作与协作,发挥比较优势

注重多方面、多层次的合作与协作,是农业地质工作一直坚持的理念。浙江大学、浙江省农业科学院作为中心的共建单位,全程参与了项目工作,并在硒、碘、重金属等典型元素生态地球化学研究及土壤污染矿物材料修复试验研究中起到了至关重要的作用,有关作用机理和试验技术等方面的研究成效明显,与浙江省地质调查院在区域性调查和方法技术总结等方面的优势形成互补,共同推进了项目的有效实施。不仅如此,还与中国地质大学(武汉)以及中国地质调查局下属有关单位进行了有效的合作,也更加重视了与项目工区所在地的相关部门、有关企业的协作,这些合作与协作对科学问题的深入和项目成果的提升起到了积极的作用。

二、下步工作展望

1. 继续夯实基础调查

浙江省已于2016年下发《浙江省土地质量地质调查行动计划(2016—2020年)》,正式实施"711工程",在全省全面开展土地质量地质调查工作,到2020年全面完成全省85个县(市、区)耕地的1:5万土地质量地质调查。此项工作是一项全面"摸清家底"的基础调查工作,也是全省农业地质应用研究工作持续走向深入的重要工作基础。通过工作的全面开展,我们可以在本书研究的基础上,陆续发现新的土地资源与环境问题,不断探寻农业地质应用研究的科学问题,不断提出农业地质应用研究的新思路,不断总结农业地质应用研究的新方法。

2. 深化农业地质应用研究的深度

长期以来,农业地质应用研究重"应用"、轻"研究","研究"深度不够,"知其然不知其所以然",机理认识不清,导致"应用"仅停留在表面。因此,应用研究的深度提升问题是下一步农业地质工作必须关注的重点问题之一。仅从本书研究内容来看,就有多个研究方向需要深化。比如对元素的迁移转化、赋存状态研究方面,迫切需要知道硒或重金属在作物(比如水稻)体内是如何迁移的,在作物的每个器官中赋存状态是怎样的;再比如,在岩-土-水-作物系统中,土壤水对元素的迁移是如何起作用的等。

3. 拓宽农业地质应用研究的广度

当前,农业地质成果的应用服务领域已形成自然资源、农业农村与生态环境三大方向。一方面,具体如何服务,服务哪一具体方面,还需根据实际需求和时代发展需要,不断调整,不断拓宽应用领域。比如,如何紧贴需求,切实支撑服务国土空间规划与国土空间生态修复,切实服务山水林田湖草统筹管理。比如,在《土壤环境保护和污染治理行动计划》下发、全面重视生态环境建设的现实情况下,污染土壤的准确界定、安全利用与针对性修复,是否成为一个全新的应用领域?另一方面,我们的应用领域也不止于自然资源、农业农村与生态环境,在新常态发展理念下,"农业地质+"的时代下,"农业地质+科普""农业地质+旅游"是否会成为新的发展方向?

4. 强化农业地质应用研究领域的标准化建设

农业地质工作发展到如今,标准化建设工作理应提上议事日程。结合本书及以往相关工作研究程度,根据经济社会发展的实际需求,从成果应用的角度,我们认为目前浙江省至少要研制3个方面的标准,建立系列标准体系。一是深化硒、镉等有益元素的土地资源评价方法及标准研究,建立富硒、镉等土壤地球化学评价地方标准;二是在本书开展的土壤污染限量值的基础上,结合农业农村、生态环保等相关研究,开展浙江省土壤环境质量标准研究,以此为基础,建立准确界定污染土壤、判定生态风险的技术方法体系,建立绿色土地评价的地方标准;三是建立农业地质应用研究成果服务土地管理、现代农业及环境保护等方面的技术方法体系。

5. 其他方面

我们还需注重新技术新方法在农业地质应用研究领域的应用,如地质微生物技术,如何融入富硒土壤研究,如何服务污染土壤识别与修复等。另外,还需尽快建成全省农业地质信息系统平台,开展长期农业地质环境监测工作,并注重与农业农村、生态环保等相关监测工作的融合。

主要参考文献

陈百明,张凤荣,2001.中国土地可持续利用指标体系的理论与方法[J].自然资源学报,16(3):197-203.

陈加兵,曾从盛,2001.主成分分析、聚类分析在土地评价中的应用:以福建沙县夏茂镇水稻土为主要评价对象[J].土壤(5):243-256.

陈立乔,魏复盛,1991.中国土壤中溴、碘的背景含量[J].干旱环境监测(2):65-69.

迟玉森,何熹,韩丽英,等,2002.海带生物活性碘剂及其在碘盐中的应用[J].现代商贸工业(4):50-51.

迟玉森,2001.3,5—二碘酪氨酸在大鼠体内的吸收代谢研究[J].营养学报,23(2):130-131.

崔红标,周静,杜志敏,等,2010.磷灰石等改良剂对重金属铜镉污染土壤的田间修复研究[J].土壤(42):611-617.

戴九兰,2004.碘在土壤-植物系统中的生物有效性[D].泰安:山东农业大学.

董广辉,武志杰,陈利军,等,2002.土壤-植物生态系统中硒的循环和调节[J].农业系统科学与综合研究,18(1):65-68.

董岩翔,郑文,周建华,等,2007.浙江省土壤地球化学背景值[M].北京:地质出版社.

杜慧玲,冯两蕊,牛志峰,等,2007.硒对生菜抗氧化酶活性及光合作用的影响[J].中国农学通报,23(5):226-229.

段小丽,聂静,王宗爽,等,2009.健康风险评价中人体暴露参数的国内外研究概况[J].环境与健康杂志,26(4):370-373.

范晓,王孝举,1994.海藻中的碘[J].海洋科学,18(4):16-20.

范中亮,季辉,杨菲,等,2010.不同土壤类型下Cd和Pb在水稻籽粒中累积特征及其环境安全临界值[J].生态环境学报,19(4):792-797.

顾爱军,翁焕新,陈静峰,等,2004.利用海藻中的碘培育富碘蔬菜防治IDD病的初步研究[J].广东微量元素科学,11(7):12-18.

郭旭东,邱扬,2005.基于"压力—状态—响应"框架的县级土地质量评价指标研究[J].地理科学,25(5):579-583.

韩素卿,王卫,2004.生产函数在土地质量指标体系中的应用研究:以河北省冀州市为例[J].经济地理,24(3):378-382.

贺龙良,2012.大气降水及土壤中碘的含量与形态分布[D].南昌:南昌大学.

洪春来,2007.土壤-蔬菜系统中碘的生物地球化学行为与蔬菜对外源碘的吸收机制研究[D].杭州:浙江大学.

洪春来,翁焕新,严爱兰,等,2007.几种蔬菜对外源碘的吸收与积累特性[J].应用生态学报,18(10):2 313-2 318.

侯淑敏,问思恩,李寒松,等,2014.陕西安康富硒地区鱼肉中硒含量分析[J].微量元素与健康研究,31(1):30-31.

胡旻,2011.福建省居民膳食结构和碘摄入水平的研究[D].福州:福建医科大学.

胡秋辉,潘根兴,朱建春,等,2000.硒提高茶叶品质效应的研究[J].茶叶科学,20(2):137-140.

胡艳华,王加恩,蔡子华,等,2010.浙北嘉善地区土壤硒的含量、分布及其影响因素初探[J].地质科技情报,29(6):84-88.

黄春雷,魏迎春,简中华,等 2013.浙中典型富硒区土壤硒含量及形态特征[J].地球与环境,41(2):269-274.

黄益宗,朱永官,胡莹,等,2003.土壤-植物系统中的碘与碘缺乏病防治[J].生态环境,12(2):228-231.

汲晓辉,2009.湖州"桑基鱼塘"农业景观现状及更新策略分析[J].小城镇建设(3):91-93,104.

贾彦博,范浩定,杨肖娥,2003.碘从环境向人类食物链的迁移[J].广东微量元素科学,10(12):1-12.

李家熙,2000.人体硒缺乏与过剩的地球化学环境特征及其预测[M].北京:地质出版社.

李孟奇,2016.番茄中油菜素内酯缓解氧化锌纳米颗粒胁迫及褪黑素在硒诱导镉胁迫抗性中的作用机理研究[D].杭州:浙江大学.

李锐,2008.典型区域土壤-水稻系统重金属污染空间变异规律及迁移转化特征研究[D].南京:南京大学.

李瑞敏,侯春堂,王轶,2004.农业地质研究进展及主要研究问题[J].水文地质工程地质(2):110-113.

李睿,刘嘉伟,洪春来,等,2017.海藻修复富营养化海域与内陆缺碘环境的潜力[J].中国环境科学,37(1):284-291.

李学垣,2001.土壤化学[M].北京:高等教育出版社.

李永华,王五一,杨林生,等,2005.陕南土壤中水溶态硒、氟的含量及其在生态环境的表征[J].环境化学,24(3):279-283.

李志博,骆永明,宋静,等,2008.基于稻米摄入风险的稻田土壤镉临界值研究:个案研究[J].土壤学报,45(1):76-81.

郦逸根,董岩翔,郑洁,等,2005.浙江富硒土壤资源调查与评价[J].第四纪研究,25(3):323-330.

林健,杜恣闲,2002.公路交通污染土壤和稻谷中镉铅分布特征[J].环境与健康杂志(19):119-121.

刘秀珍,李志宏,1995.土地质量评价方法的探讨[J].山西农业大学学报,15(1):25-29.

陆文彬,倪羌莉,陈健,2006.灰色关联度在耕地质量评价中的应用:以徐州市土地复垦项目为例[J].技术方法研究,23(4):91-94.

吕晓军,罗林涛,2004.模糊数学在土地开发整理新增耕地质量评价中的应用[J].西安科技大学学报,24(1):65-68.

骆永明,2015.中国土壤环境质量基准与标准制定的理论和方法[M].北京:科学出版社.

秦普丰,刘丽,侯红,等,2010.工业城市不同功能区土壤和蔬菜中重金属污染及其健康风险评价[J].生态环境学报,19(7):1668-1674.

沈玉龙,刘会媛,王艳萍,等,2003.加碘食盐中碘损失的实验研究[J].中国井矿盐,35(4):12-15.

石常蕴,周慧珍,2001.GIS技术在土地质量评价中的应用-以苏州市水田为例[J].土壤学报,38(3):248-255.

石磊,周瑞华,1998.食物烹调方法对含碘食盐中碘含量的影响[J].卫生研究,27(6):412-414.

宋明义,2009.浙西地区下寒武统黑色岩系中硒与重金属的表生地球化学及环境效应[D].合肥:合肥工业大学.

宋明义,冯雪外,周涛发,等,2008.浙江典型富硒区硒与重金属的形态分析[J].现代地质,22(6):960-965.

宋明义,黄春雷,董岩翔,等,2010.浙江富硒土壤成因分类及开发利用现状[J].上海国土资源,31(S1):107-110.

孙向武,翁焕新,雍文彬,等,2004.菠菜对外源碘的生物地球化学吸收[J].植物营养与肥料学报,10(2):192-197.

索有瑞,黄雅丽,1996.西宁地区公路两侧土壤和植物中铅含量及其评价[J].环境科学(2):74-76.

王国庆,骆永明,宋静,等,2005.土壤环境质量指导值与标准研究Ⅰ.国际动态及中国的修订考虑[J].土壤学报,42(4):666-673.

王旭,2012.广东省蔬菜重金属风险评估研究[D].武汉:华中农业大学.

王莹,2008.硒的土壤地球化学特征[J].现代农业科技(17):233-233.

翁焕新,蔡奇雄,1998.一种含碘复合肥的制造方法[P].中国,ZL94108836.7.

吴丽楠,张少玲,2008.碘营养现状与研究进展[J].国际内科学杂志,35(8):464-468.

吴启堂,1994.一个定量植物吸收土壤重金属的原理模型[J].土壤学报,31(1):69-76.

吴世汉,邢光熹,1996.我国主要土壤类型中溴和碘的分布特性[J].土壤(1):21-23.

武少兴,龚子同,黄标,1998.土壤中的碘与人类健康[J].土壤通报(3):139-142.

夏增禄.中国土壤环境容量[M].北京:地震出版社.

谢伶莉,2006.蔬菜对外源碘的吸收及碘的形态分析[D].杭州:浙江大学.

谢恬,陈建斌,胡超,等,2010.土壤中碘的来源和分布及影响因素[J].安徽农业科学,38(21):11350-11351.

严莲香,黄标,邵学新,等,2009.不同工业企业周围土壤－作物系统重Pb、Cd的空间变异及其迁移规律[J].土壤学报,46(1):52-62.

叶嗣宗,罗海林,1992.土壤环境质量分级评价[J].上海环境科学(6):39-40.

张凤荣,王静,陈百明,2000.土地持续利用评价指标体系与方法[M].北京:中国农业出版社.

张辉,马东升,1998.公路重金属污染的形态特征及其解吸、吸附能力探讨[J].环境化学,17(6):564-568.

张健,窦永群,桂仲争,等,2010.南方蚕区蚕桑产业循环经济的典型模式:桑基鱼塘[J].蚕业科学,36(3):470-474.

张露,2004.土地质量及其度量初步研究[J].南京大学学报(自然科学版),40(3):378-388.

张妍,李发东,欧阳竹,等,2013.黄河下游引黄灌区地下水重金属分布及健康风险评估[J].环境科学,34(1):121-128.

章海波,骆永明,吴龙华,等,2005.香港土壤研究Ⅱ.土壤硒的含量、分布及其影响因素[J].土壤学报,42(3):404-410.

召阳,何培民,2013.我国海洋富营养化趋势与生态修复策略[J].科学,65(4):48-52.

赵成义,2004.土壤硒的生物有效性研究[J].中国环境科学,24(2):184-187.

赵琳琳,2011.闻喜县镁工业区镁生产对土壤环境的污染特点[D].太原:山西大学.

钟功甫,1982.珠江三角洲桑基鱼塘生态系统若干问题研究[J].生态学杂志(1):10-11.

朱雁鸣,韦朝阳,冯人伟,等,2011.三种添加剂对矿冶区多种重金属污染土壤的修复效果评估——大豆苗期盆栽实验[J].环境科学学报,6(31):1 277-1 284.

Amini M, Abbaspour K C, Berg M, et al, 2008. Statistical modeling of global geogenic arsenic contamination in groundwater[J]. Environmental Science & Technology, 42(10): 3 669-3 675.

Aubert H, Pinta M, 1977. Trace elements in soils[M]. Amsterdam: Elsevier.

Bindraban P S, Stoorvogel J J, Jansen D M, et al, 2000. Land quality indicators for sustainable land management: proposed method for yield gap and soil nutrient balance[J]. Agriculture Ecosystems & Environment, 81(2):103-112.

Dai J L, Zhang M, Zhu Y G, 2004. Adsorption and desorption of iodine by various Chinese soils: I. Iodate[J]. Environment International, 30(4):525-530.

Dermatas D, Vatseris C, Panagiotakis I, et al, 2012. Potential Contribution of Geogenic Chromium in Groundwater Contamination of a Greek Heavily Industrialized Area[J]. Chemical Engineering Transactions(28):217-222.

Dermelj M, Šlejkovec Z, Byrne A R, et al, 1990. Iodine in different food articles and standard reference materials[J]. Fresenius Journal of Analytical Chemistry, 338(4):559-561.

Dumanski J, Pieri C, 2000. Land quality indicators: research plan[J]. Agriculture Ecosystems & Environment, 81(2):93-102.

Efroymson R A, Sample B E, 2001. Uptake of inorganic chemicals from soil by plant leaves: regressions of field data[J]. Environmental Toxicology & Chemistry, 20(11):2 561-2 571.

Farrenkopf A M, Luther G W, Truesdale V W, 1997. Sub-surface iodide maxima: evidence for biologically catalyzed redox cycling in Arabian Sea OMZ during the SW intermonsoon[J]. Deep Sea Research Part II: topical Studies in Oceanography(44): 1 391-1 409.

Fordyce F M, Johnson C C, Navaratna U R B, et al, 2000. Selenium and iodine in soil, rice and drinking water in relation to endemic goitre in Sri Lanka[J]. Science of the Total Environment, 263(1-3): 127-141.

Fuge R, Johnson C C, 1986. The geochemistry of iodine—a review[J]. Environmental Geochemistry & Health, 8(2): 31-54.

Fuge R, Long A M, 1989. Iodine in the soils of North Derbyshire[J]. Environmental Geochemistry and Health, 11(1): 25.

Gallego S M, Pena L B, Barcia R A, et al, 2012. Unravelling cadmium toxicity and tolerance in plants: insight into regulatory mechanisms[J]. Environmental & Experimental Botany(83): 33-46.

Hasan M K, Ahammed G J, Yins L, et al, 2015. Melatonin mitigates cadmium phytotoxicity through modulation of phytochelatins biosynthesis, vacuolar sequestration, and antioxidant potential in *Solanum lycopersicum* L[J]. Frontiers in Plant Science(6): 601.

Hemalatha S, Platel K, Srinivasan K, 2006. Influence of germination and fermentation on bioaccessibility of zinc and iron from food grains[J]. European Journal of Clinical Nutrition, 61(3): 342.

Hong C, Weng H, Jilani G, et al, 2012. Evaluation of Iodide and Iodate for Adsorption-Desorption Characteristics and Bioavailability in Three Types of Soil[J]. Biological Trace Element Research, 146(2): 262-71.

Islam K R, Weil R R, 2000. Land use effects on soil quality in a tropical forest ecosystem of Bangladesh[J]. Agriculture Ecosystems & Environment, 79(1): 9-16.

Kamei-Ishikawa N, Tagami K, Uchida S, 2007. Sorption kinetics of selenium on humic acid[J]. Journal of Radioanalytical & Nuclear Chemistry, 274(3): 555-561.

Komy Z R, Shaker A M, Heggy S E M, et al, 2014. Kinetic study for copper adsorption onto soil minerals in the absence and presence of humic acid[J]. Chemosphere(99): 117-124.

Kuiper J, 1998. Landscape quality based upon diversity, coherence and continuity: landscape planning at different planning-levels in the river area of The Netherlands[J]. Landscape & Urban Planning, 43(1-3): 91-104.

Li H F, Mcgrath S, Pzhao F J, 2008. Selenium uptake, translocation and speciation in wheat supplied with selenate or selenite[J]. New Phytologist, 178(1): 92-102.

Li S, Xiao T, Zheng B, 2012. Medical geology of arsenic, selenium and thallium in China[J]. Science of the Total Environment, 421-422(3): 31-40.

Liebig M A, Doran J W, 1999. Evaluation of point-scale assessments of soil quality[J]. Journal of

Soil & Water Conservation,54(2):510-518.

Luque-Garcia J L, Cabezas-Sanchez P, Anunciação D S, et al,2013. Analytical and bioanalytical approaches to unravel the selenium-mercury antagonism: A review[J]. Analytica Chimica Acta, 801(9):1-13.

Malisa E P,2001. The Behaviour of Selenium in Geological Processes[J]. Environmental Geochemistry & Health,23(2):137-158.

Martens D, Asuarez D L,1997. Mineralization of Selenium-Containing Amino Acids in Two California Soils[J]. Soil Science Society of America Journal,61(6):1 685-1 694.

Muramatsu Y, Fehn U, Yoshida S,2001. Recycling of iodine in fore-arc areas: evidence from theiodine brines in Chiba, Japan[J]. Earth & Planetary Science Letters,192(4):583-593.

Muramatsu Y, Uchida S, Sriyotha P, et al,1989. Some considerations on the sorption and desorption phenomena of iodide and iodate on soil[J]. Water Air & Soil Pollution,49(1):125-138.

Muramatsu Y, Wedepohl K H,1998. The distribution of iodine in the earth's crust[J]. Chemical Geology,147(3-4):201-216.

Muramatsu Y, Yoshida S, Ban-Nai T,1995. Tracer experiments on the behavior of radioiodine in the soil-plant-atmosphere system[J]. Journal of Radioanalytical & Nuclear Chemistry,194(2):303-310.

Padilla-Ortega E, Leyva-Ramos R, Flores-Cano J V,2013. Binary adsorption of heavy metals from aqueous solution onto natural clays[J]. Chemical Engineering Journal,225(Complete):535-546.

Panuccio M R, Crea F, Sorgonà A, et al,2008. Adsorption of nutrients and cadmium by different minerals: experimental studies and modelling[J]. Journal of Environmental Management,88(4):890-898.

Passos M C F, Ramos C D F, Dutra S C P, et al,2001. Transfer of iodine through the milk in protein-restricted lactating rats[J]. Journal of Nutritional Biochemistry,12(5):300-303.

Posmyk M M, Kuran H, Marciniak K,et al,2008. Presowing seed treatment with melatonin protects red cabbage seedlings against toxic copper ion concentrations[J]. Journal of Pineal Research(45):24-31.

Qin H B,Zhu J M,Su H,2012. Selenium fractions in organic matter from Se-rich soils and weathered stone coal in selenosis areas of China[J]. Chemosphere,86(6):626-633.

Reimann C, Caritat P D, Team G P, et al,2012. New soil composition data for Europe and Australia: demonstrating comparability, identifying continental-scale processes and learning lessons for global geochemical mapping[J]. Science of the Total Environment,416(2):239-252.

Robison L M, Sylvester P W, Birkenfeld P, et al,1998. Comparison of the effects of iodine and iodide on thyroid function in humans[J]. Journal of Toxicology & Environmental Health Part A,

55(2):93-106.

Roti E, Uberti E D,2001. Iodine excess and hyperthyroidism[J]. Thyroid Official Journal of the American Thyroid Association,11(5):493-500.

Ryder R,1994. Land Evaluation for Steepland Agriculture in the Dominican Republic[J]. Geographical Journal,160(1):74-86.

Sample B E, Suter G W Ⅱ, Beauchamp J J, et al,1999. Literature-derived bioaccumulation models for earthworms: Development and validation[J]. Environmental Toxicology & Chemistry,18(9):2 110-2 120.

Sdiri A T, Higashi T, Jamoussi F,2014. Adsorption of copper and zinc onto natural clay in single and binary systems[J]. International Journal of Environmental Science & Technology,11(4):1 081-1 092.

Sharma S, Bansal A, Dhillon S K, et al,2010. Comparative effects of selenate and selenite on growth and biochemical composition of rapeseed (*Brassica napus* L.)[J]. Plant and Soil,329(1-2):339-348.

Sheppard S C, Evenden W G,1993. Response of some vegetable crops to soil-applied halides[J]. Canadian Journal of Soil Science,72(4):555-567.

Shetaya W H, Young S D, Watts M J, et al,2012. Iodine dynamics in soils[J]. Geochimica et Cosmochimica Acta,77(1):457-473.

Umaly R C, Poel L W,1971. Effects of iodine in various formulations on the growth of barley and pea plants in nutrient solution culture[J]. Annals of Botany,35(139):127-131.

Umemoto N S, Houston R A, Solomons N, et al,1969. Development and evaluation of aneducational program to promote the use of iodized salt in Guatemala[J]. Nutrition Research,19(11):1 603-1 612.

Wang H,Wu T,Chen J,et al,2015. Sorption of Se(IV) on Fe- and Al-modified bentonite[J]. Journal of Radioanalytical and Nuclear Chemistry,303(1):107-113.

Wang Z, Gao Y,2001. Biogeochemical cycling of selenium in Chinese environments[J]. Applied Geochemistry,16(11):1 345-1 351.

Wargacki A J, Leonard E, Win M N,et al,2012. An engineered microbial platform for direct biofuel production from brown macroalgae[J]. Science(335):308-313.

Welch R M, Graham R D,2005. Agriculture: the real nexus for enhancing bioavailable micronutrients in food crops[J]. Journal of Trace Elements in Medicine & Biology,18(18):299-307.

Weng H X, Hong C L, et al,2013. Iodine biofortification of vegetable plants-An innovative method for iodine supplementation[J]. Chinese Science Bulletin,58(17):2 066-2 072.

Weng H X, Weng J K, Yong W B, et al,2003. Capacity and degree of iodine absorbed and enriched by vegetable from soil[J]. Journal of Environmental Sciences,15(1):107-111.

White P J, Broadley M R, 2009. Biofortification of crops with seven mineral elements often lacking in human diets- iron, zinc, copper, calcium, magnesium, selenium and iodine[J]. New Phytologist, 182(1): 49-84.

Whitehead D C, 1979. Iodine in the U. K. environment with particular reference to agriculture[J]. Journal of Applied Ecology, 16(1): 269-279.

Whitehead D C, 1981. The volatilization, from soils and mixtures of soil components, of iodine added as potassium iodide[J]. Journal of Soil Science, 32(1): 97-102.

Winkel L H E, Johnson C A, Lenz M, et al, 2012. Environmental selenium research: from microscopic processes to global understanding[J]. Environmental Science & Technology, 46(2): 571-579.

Wu S H, Zhou S L, Yang D Z, et al, 2008. Spatial distribution and sources of soil heavy metals in the outskirts of Yixing City, Jiangsu Province, China[J]. Chinese Science Bulletin, 53(S1): 188-198.

Yang N, Winkel L H, Johannesson K H, 2014. Correction to Predicting Geogenic Arsenic Contamination in Shallow Groundwater of South Louisiana, the United States[J]. Environmental Science & Technology, 48(13): 5 660-5 666.

Yuita K, Tanaka T, Abe C, et al, 1991. Dynamics of iodine, bromine, and chlorine in soil I: effect of moisture, temperature, and pH on the dissolution of the triad from soil[J]. Soil Science & Plant Nutrition, 37(1): 61-73.

Yuita K, 1991. Dynamics of iodine, bromine, and chlorine in soil II: chemical forms of iodine in soil solutions[J]. Soil Science & Plant Nutrition, 38(1): 281-287.

Zwolak I, Zaporowska H, 2012. Selenium interactions and toxicity: a review[J]. Cell Biology and Toxicology, 28(1): 31-46.